U0918221

河南济源 古树名木

HENAN JIYUAN GUSHU MINGMU

张国鸣　主编

中国林业出版社

图书在版编目（CIP）数据

河南济源古树名木 / 张国鸣主编. -- 北京 : 中国林业出版社, 2012.11

ISBN 978-7-5038-6871-9

Ⅰ. ①河… Ⅱ. ①张… Ⅲ. ①树木–介绍–济源市 Ⅳ. ①S717.261.3

中国版本图书馆CIP数据核字（2012）第298529号

责任编辑：贾麦娥

装帧设计：刘临川

出　　版：中国林业出版社（100009 北京西城区刘海胡同7号）

电　　话：010–83227226

发　　行：新华书店北京发行所

印　　刷：北京卡乐富印刷有限公司

版　　次：2012年12月第1版

印　　次：2012年12月第1次

开　　本：210mm × 285mm

印　　张：11.25

定　　价：168.00元

《河南济源古树名木》编辑领导小组

组　　长　王宇燕

副 组 长　谭　江

成　　员　张国鸣　王天中　卢战平　杨　倩　苗先荣　杜华汉　赵小中　任战轩　樊保国　王向东　马新建　王永兴

主　　编　张国鸣

副 主 编　樊保国　王向东

编委人员　聂晨曦　孔俊杰　李兴思　李中福　张小国　汤发有　李中央　周　未　王　丽　任军战　卫新华　齐会娟　常冬冬　李德森　李占军　李林霞　薛茂盛　张麦季　牛文魁　曹　青　张向峰　王鹏程　王爱国　李　皓　李鸿运　李秋杰　田雷生　赵向荣　王永红　卫　锋

图片摄影　聂晨曦　孔俊杰　李伟波　李中央　李兴思　张五洲

序

当一本厚厚的书稿呈现在我的面前时，禁不住感慨万千。这几百株古树就像珍珠般灿灿生辉，点缀在济源1931平方公里的土地上。每一株古树就像一位耄耋老人，栉风沐雨，饱经风霜，静静地向世人述说着济源历史的变迁。

古树名木是历史的见证。一些古树，在济源这块古老的土地上已经存在了几百年、甚至上千年之久，历经沧桑的古树名木，或守望某处古迹，或述说一段传奇，或记载逸闻掌故，或遗留先贤神采，阳台宫七叶树述说着道教、佛教的传承与发展，原山红豆杉、连地八股柏经历了抗日战争炮火的洗礼，古老的槐仙大槐树见证着济源城区日新月异的发展。

古树名木是人类宝贵的财富。古树名木的存在对研究当地的气候变化、生物多样性、植物分布等具有极高的价值。古树名木历经沧桑，是发展旅游事业的珍贵资源，也是科学研究探索的宝藏。一些景区的古树受到有效保护的消息被媒体发布后，吸引了不少林业专家和旅游者前往欣赏。逐渐把古树当成怀古思今的系列景观，努力塑造以古树文化为特色的旅游品牌。王屋山景区紫薇宫银杏树已经成为景区的一张靓丽的名片。

古树名木是生态文明的体现。古树名木在经历数百年、上千年之后，得以保存下来，充分证明人类对自然的敬畏、对古树的呵护。在倡导科学发展观的今天，保护古树名木不仅是城市文明的体现，也是城市生态建设的要求，对城市可持续发展具有重要的意义。

保护一株古树名木，就是保存一部自然与社会发展史书，就是保存一件珍贵古老的历史文物，就是保护一座优良种源基因库，也是保护一种人文和自然景观，保护人类赖以生存的环境，保护祖先留给我们和子孙后代的宝贵财富。保护古树名木就是保护我们的历史文化，就是保护人与自然的和谐。

进入21世纪以来，济源市林业建设有了突飞猛进的发展，在生态建设全面加强的同时，不忘古树名木保护工作。济源市林业局工作人员历时数年，对全市的古树名木进行系统地摸底调查，分类建档，并在此基础上，精心编纂了《河南济源古树名木》一书。该书分为“千年风雨、历史见证、文化印记、生命传奇、妙趣天成”五部分，全面介绍了济源市古树名木的分布、现状，是济源生态建设上不可多得的珍贵文献。该书收集的30余则古树名木故事，给我们留下了一部形象的、浓缩的济源古树名木史，使济源的390棵古树名木倍受世人的关注，也让大家领略古树名木风采的同时，更好地在社会上形成“关注古树名木、爱护古树名木”的良好氛围。这本书的问世，必将推动济源古树名木保护工作再上一个新台阶，生态文明建设再上一个新高度。

市委书记 

前 言

济源市位于河南省西北部，北依太行山，与山西省晋城市毗邻；南临黄河，与古都洛阳市隔河相望；西踞王屋，与山西省运城市接壤；东临华北平原，与焦作市相连，自古有“豫西北门户”之称。地理坐标为北纬35.05°，东经112.38°。市境略呈长方形，东西长66km，南北宽36.5km，总面积1931km^2。济源市的地质区位处于山西高原上升和华北平原下降的边缘，位于我国一、二级大地形的陡坡上，境内山峦起伏，沟壑纵横，地形复杂，呈西高东低、北高南低之势。该区岩石种类比较复杂。成土母岩、母质主要有砂岩、页岩、石灰岩、大理岩、板岩、砾岩及第三纪红土和第四纪黄土等。全市最低海拔130.9m，最高山峰斗顶山，海拔1955m。主要山峰有天坛山、鳌背山、斗顶、胡板岭、箭过顶等。山区丘陵面积占全市总面积的88%。济源境内河流皆属黄河水系。黄河自晋入豫，沿济源市南界流经57km，汇纳逢石河、砚瓦河等15条支流。济源市属暖温带大陆性季风气候，总的气候特征是：春季温暖多风，夏季炎热多雨，秋季天高气爽，冬季干冷少雪。山区面积大，地形复杂，气候多样，呈区域或立体相态分布。年平均气温14.3℃，1月平均气温-0.1℃，极端最低气温-20℃。7月平均气温27.3℃，极端最高气温43.4℃。大于10℃的活动积温为4539.6℃。无霜期平均223天，年平均日照2375.4小时，日照率54%。年平均降水量641.7mm，但年际变化较大，且降水季节分布不均。夏季降水较多，平均348.1mm，占年降水量的54.4%。

济源市林业用地土壤有棕壤和褐土两个土类，其中棕壤为山地棕壤亚类；褐土包括淋溶褐土、典型褐土、碳酸盐褐土和粗骨性褐土四个亚类。济源属于暖温带落叶阔叶林区，有针叶林、阔叶林、竹林、灌丛及草灌丛、草甸、沼泽及水生植被等6个植被类型，计有83个群系，主要植被有华北落叶松林、华山松林、华山松锐齿槲栎林、辽东栎林、黄櫄子林、红桦林、领春木林、山白树林、黄荆灌丛、黄栌灌丛、山皂角灌丛、白羊草草甸、野菊花草甸、香蒲沼泽和浮萍紫萍群落等。全市共有植物1800余种，为河南省植物总数的42%；其中列入国家和省级保护的珍稀植物有红豆杉、连香树、山白树等34种。特别是位于西北部的黄楝树原始森林，是华北地区第二大保存完好的原始森林，这里奇峰耸立，峡谷幽深，溪水潺潺，藤木缠绕，是一座珍贵的物种基因库。

济源因济水发源地而得名，是传说中愚公移山故事的发祥地，历史文化源远流长，古时济水与长江、黄河、淮河并称“四渎”。从最新考古发现证明，早在旧石器时代末期和新石器时代早期，即距今10000年前，人类就已在此繁衍、生息。这里曾是夏王朝的都城，夏二世曾在此建都，史称“原”。战国至两汉时期“轵邑”以富庶闻名天下。悠久的历史馈赠给济源不可胜数的文明瑰宝，文物古迹和文化遗址遍布各地，木结构古建筑居全省之首，被誉为中原历史文化名城。这里的历史传说古老久远，神话寓言名播中外，如黄帝祭天、女娲补天、鲧禹治水、后羿射日、愚公移山等，不胜枚举。历代帝王将相、文人骚客在此流连驻足，挥毫泼墨，白居易盛赞“济源山水好”，乾隆帝称誉“名山胜迹”。济源市境内文物保护单位达260余处，其中国家级3处、省级14处，文物总数量列全省各省辖市第二。

济源境内高山、大河、丘陵、平原交相辉映，自然景观和人文景观极为丰富。“天下第一洞天”王屋山山高谷深，雄、奇、险、秀、幽兼备。五龙口素有“十里画廊”之称，还有观赏价值极高的太行猕猴和内陆水温最高的医用地热矿泉。济渎庙内古建林立，亭台楼榭，巧夺天工，垂柳清泉，引人入胜，为我国北方少有的古典园林。特别是举世瞩目的小浪底水利枢纽工程在此兴建，将古老的黄河文化与现代文明相结合，构成了高峡平湖、碧波荡漾、港湾交错、山水相融、自然景观与人文景观相得益彰的大黄河三峡风景。这里还有“北国江南”黄河三峡、“茶道之源”九里沟、“女娲之乡”小沟背等景区，各有特色，共同构成了济源旅游的美丽画卷，是中原地区著名的旅游胜地之一。

古树名木是中华民族悠久历史与文化的象征，是森林资源中的瑰宝，也是自然界和前人留下来的珍贵遗产，具有重要的科学、文化和经济价值。它客观地记录和反映了社会发展的历史和自然界的物种变迁，是研究社会与自然等诸多学科领域的活标本、活文物，也是不可多得的旅游资源。历史上许多名人都到过济源，为济源的古树名木形成增添了许多神秘的色彩。济源市现有古树名木390株，分为19科28属32种，其中古树388株，古树群2个。按照我国古树分级标准，国家一级古树107株，二级古树138株，三级古树145株。从树种类型上来看，全市古树名木中，国槐133株、皂荚81株、侧柏57株、橿子栎40株、黄连木23株；根据年龄来分，100～299年的古树145株，300～499年的古树138株，500～999年的古树88株，1000年以上的古树21株，而树龄最长的古树是济渎庙内玉皇殿门前和渊德门背后的两株柏树，两棵树树龄都在2200年以上。

在近几年来的林业生态市创建活动中，古树名木的价值逐渐被群众所认识，保护与管理古树名木工作开始得到社会的关注和重视。采取有效措施，加强古树名木保护与管理，对加速生态建设，维护生态安全有着十分重要的现实意义和深远的战略意义。自2001年以来，济源市林业局对全市范围内的古树名木进行了全面登记并建档立卷，落实管护单位和责任人，并对濒危和珍贵古树设置了保护设施。如王屋西坪原山紫柏树庄1300年的红豆杉，通过采取堵洞、支撑、复壮等措施，目前生长状况依旧良好；济渎庙内的千年柏树，不仅安装了围栏、支杆，而且设置了避雷针。济源市委、市政府高度重视古树名木保护管理工作，于2006年出台了《城市古树名木保护管理办法》，严令“任何单位和个人不得以任何理由、任何方式砍伐和擅自移植古树名木”，并加大了查处力度，将全市古树名木纳入法制化管理轨道。通过政策指引和深入宣传，济源市民保护古树的热情不断提升，保护意识逐渐增强。大峪镇一名村民，发现本村有买卖古树名木事件后，及时与市绿化委员会取得联系，保护了一株500年的栓皮栎；许多市民自己出资，对自己门前屋后的古树进行修葺，保证了古树的良好生长。上述措施的落实，促进了全市古树名木保护管理工作的开展，我们根据全市古树名木调查资源，撰写反映古树名木人文历史、生长、自然状况等方面的文字介绍，并选择有代表性的古树名木照片，编著了《河南济源古树名木》一书，本书具有历史性、知识性、科学性和趣味性。同时，也希望通过本书的出版，提高全社会对古树名木的保护意识，提高对这些古树名木赖以生存的生态环境的保护意识，唤醒当代人的历史责任感与紧迫感，给子孙后代留下更多宝贵的物质财富和精神财富。

济源古树名木的保护得到了市委、市政府领导和有关单位的关心和支持，各乡镇、办事处、林业部门领导和有关人员给予了积极支持和大力协作，同时也得到了古树名木所在地、古树名木权属人的支持和帮助，现借本书面世之际，谨致以最诚挚的谢意！

编　者

二〇一二年十一月

目录

妙趣天成

千年风雨
QIANNIAN
FENGYU

济渎庙汉柏（编号8）

济渎庙汉柏位于济渎庙内渊德门西侧，树龄2200年。目前该树三分之二已干枯，树皮脱落殆尽，只有树身中间几个枝杈间有些绿意，但胸围仍有575cm， 树高18m，平均冠幅达8m。筋节毕露，苍劲粗犷，尽显魁梧壮硕。

济渎庙位于济源市北海街道办事处的庙街村北，建于隋文帝开皇二年（公元582年），规模宏大，是河南省现存最大的一处古建筑群落。古时济水与长江、黄河、淮河并称四渎，济源、济宁、济南皆因济水而名。据资料记载，济水发源于王屋山上的太乙池，后济水入地潜行至庙街附近，故隋朝在此建济渎庙祭祀水神。经过几千年的历史演变，济水河道已大部被黄河侵占，曾经的泱泱大河，如今变成了一个地理符号。作为曾经的荣耀和繁华历史的见证，济渎庙还巍然屹立在它的发源地。临渊门北的济渎池和珍珠泉即为济水东源，今天，这里仍有泉水流出，水量很小，远不能和当年泉水涌动、向外漫溢的景象相比。但泉幽水清，庭院深深，不失为一处探幽访古、赏景游览的好去处。新中国成立后济渎庙曾长期被济源一中占用，肃穆幽静的庙堂里，自朝至暮，书声朗朗，成为莘莘学子求学的文化殿堂。20世纪90年代以后，为了更好地保护济渎庙这一最能体现济水历史文化的古建筑，济源一中搬出了济渎庙，喧闹的庙宇又恢复了宁静。

济渎庙内朱门重重，古柏参天，绿水环绕，曲径通幽，是中国古代北方园林建筑的典范。渊德门前的古汉柏，相传为汉代所栽植，迄今有2200多年的历史。传说此树为王母娘娘所种，王母从瑶池乘云御风，来到此地，吐纳仙种，尔后吸济水之灵气，生根发芽而就。自汉至今，古柏经历了无数次朝代更迭，人事废兴，和人一样，它现在也进入迟暮衰朽之年。

为了传承历史，使更多的人从其中领略到济水的历史文化，市文物部门在它的周围进行填土平整，植上草坪，并绕树围上铁栏，对古柏实施了很好的保护。

济渎庙将军柏（编号9）

将军柏位于济渎庙内，树龄2200余年，历史比庙龄还要多出数百年时间，树高21m，胸围628cm，平均冠幅11m，头角峥嵘，魁梧壮硕，雄踞在玉皇殿门前。

此树被冠以将军之名，是因为唐初名将尉迟敬德的关系。唐代时，皇室为显示其出身高贵，坐天下是“相承天命”，尊道教祖师李耳为先祖，在全国大力推崇道教。济源有山有水，风景秀丽，是佛道中人修道求仙的理想宝地。因而济源历史上的著名道观如阳台宫、奉贤观等皆为当时所建，极一时之盛。尉迟敬德也于此时奉命前来监修大庙，他的坐骑就经常拴在这棵树上，那伴随他南征北战的钢鞭也顺势挂在这棵树的树枝上。五代时，后汉高祖刘致远游览此庙，因敬敬德威名，同时为了追念他的建庙之功，特将他拴马挂鞭的这棵树封为“将军柏”。

敬德为唐太宗手下猛将，武艺高强，且颇具智谋，曾数次救李世民于危难之中，为李唐王朝立下了不世之功。后世民间以敬德和秦琼为门神，便是想借他的神威，驱邪避鬼。因了敬德之故，这棵树似乎也沾染了英雄之气，主干上左右两枝向外张开，做昂首向天、双手向上高举状，虽已老迈，依旧气势豪迈，树皮大半脱落，筋骨毕露，更显苍劲刚猛，有诗赞道：“扭断腰身剩薄皮，新枝依旧翠云垂，济渎庙里将军柏，暴雨飙风总不移。”清代诗人尹安诗云：“满地风霜空凛凛，凌云节操愈苍苍，夜来明月枝头动，疑是将军宝剑光。”

目前，该古树不少枝条已经干枯，曾经威武雄壮、郁郁苍苍的将军柏已显老态。

将軍柏

王屋和沟龙柏（编号232）

济源市王屋镇和沟村，有一棵龙柏，树高14m，胸围182cm，平均冠幅4m，为唐代所植，树龄1000余年。

龙柏，柏科圆柏属，为常绿乔木，通常幼树叶为刺形，后渐为刺形与鳞形并存，以鳞形为主，刺形叶为3枚轮生或交互对生，鳞形叶交互对生，雌雄异株。

龙柏，四季常青，树形紧凑，枝叶浓密，树型高大美观，是著名的庙院绿化树种。其木材芳香，结构细，轻重适宜，经久不朽，是棺木、雕刻等工艺性木料。

据传，唐王朝建立后，李姓皇帝自命为道教的开山祖师李耳的后裔，在全国各地大力推崇道教，大兴土木修建道观和庙宇，以显其王室“柏承天命”，曾几次召见著名道士司马承祯，赏赐甚厚，并命他在王屋山自选形胜，建观阳台宫、紫薇宫、迎恩宫；而当地人为孝敬李姓皇帝，也在阳台宫南面选取一块地势开阔、背风向阳的地块建造了老君庵，招揽善男信女，振兴道教。龙柏也作为风景树栽在老君庵大门口两侧，随着历史的变更，风雨洗礼，西边的一棵在解放前夕已死去，现只保留门口东的一棵。该树因其造型如苍龙，故称为龙柏，传说和西边的凤柏所配为龙凤呈祥图，庙下有一黑龙潭，倒映出二龙出海、遨游太空之状。目前该树枝干笔直，树形优美，树势生长较弱，有枯枝现象。

紫薇宫古银杏（编号246）

济源市王屋山风景区紫薇宫前、华盖峰下有一棵古银杏树，高30m，胸围863cm，平均冠幅36m，雌株，其树高大挺拔，蔚为壮观，素有“七搂八拐棍”之称，树冠投影达850m^2，为河南省最大的一棵古银杏树，也是全国五大银杏树之一，被誉为“中国历史植物的活化石”。

银杏，又名白果、公孙树、鸭掌树、佛指甲等名，我国古代多称为“鸭脚子”，银杏科银杏属，落叶乔木。银杏古称“鸭脚木”，因其叶子很像鸭脚板而得名。到宋初开始入贡时，嫌鸭脚木名字不雅，才根据其种子形状似杏、外面被有白粉的特点，改名为“银杏”。在民间，它又名“公孙树”，意为生长缓慢，爷爷栽树，孙子才能收获果实。它是世界上最古老的孑遗植物，所以被称为植物“活化石”。银杏发生在远古时期的古生代二叠纪，到中生代三叠纪、侏罗纪最为繁盛，分布几乎遍及全球。但到第四纪冰川时期，世界上的银杏大多灭绝，只有在我国深山峡谷中有少量幸存。因此银杏成为我国的特产树种，也是我国最珍贵的树种之一。我国栽植银杏历史悠久，在汉代，江南一带就有栽培；到唐宋两代，黄河流域也广泛种植，最早可追溯到商周时期。王屋山这棵古银杏树，相传为东汉遗物，树龄已达1500余年，为河南省罕见之名树。

这棵古银杏生长在海拔650m、两面临山的山脚下，土壤深厚肥沃。离树50m有一著名的泉水，人称“不老泉”，涓涓细流，长年不息。得益于此优越的生长环境，千百年来，枝叶繁茂，苍劲挺拔，显示了极强的生命力。春来新叶满枝，翠绿欲滴，夏至绿如华盖，一派生机，入秋硕果累累，一片金黄，寒冬巍峨嶙峋，古雅别致。古银杏主干5m处，西、北、东各分出一大主枝，其中西侧一枝最大最高。整个古树树皮斑斑，枝干遒劲，年龄久远，方圆百里群众视为神树，不断来树下顶礼膜拜，焚香祈祷。1994年王屋山划为名胜旅游区，2003年王屋山划为国家地质公园，2006年申报世界地质公园，这棵生物寿星、树中巨人、记载沧桑巨变的活化石，无疑是公园中最靓丽的风景。

银杏是果树、风景树、用材树兼备的优良树种。其体内含多种抗病虫害的生物活性物质，极少有病虫害发生。还有较强的抗环境污染能力。种子和叶都有较高的药用价值，《本草纲目》对银杏树的叶、果、根、茎的药用价值都有较为详细的描述。现代医学将银杏叶的提取物制成的中成药“银杏叶片”，活血化瘀通络，用于治疗瘀血阻络所引起的胸癖、心痛、中风、冠心病、舌硬语塞、半身不遂诸症。

古银杏树目前生长旺盛，枝叶茂密，但大枝脆弱，易折断。1976年大风刮断一侧枝，1997年大风刮断一侧枝，1998年大风刮断九个侧枝，现地面保存三截断枝，最大基部直径0.8m。1996年，林业技术人员为古银杏树做人工授粉试验，当年曾结银杏果1000多千克。目前，景区和林业部门对此树进行了保护，确定专人管理，为这棵树继续生长提供了重要保障。

阳台宫龙爪柏（编号248）

济源市阳台宫大门内东侧，有一株古老的“龙爪柏”，树高10m，胸围238cm，平均冠幅7m，系唐代栽植，迄今已有1200年的历史。

据传，阳台宫龙爪柏为唐代著名道士司马承祯和唐玄宗之妹玉真公主在此修道炼丹时所植。经千年的盛夏酷暑，风吹雨洗，这株龙柏在同自然的抗争中内神外形也发生了很大变化，树顶上一枯枝如林间奔腾的老虎，形象逼真，向下一枯枝如龙爪捕食，因此，人们说此树是藏龙卧虎，具有龙腾虎跃的恢弘气势，人称龙爪柏。

经长年风吹雨淋，这株龙柏顶梢出现了枯枝，酷似张牙舞爪的蛟龙，尤其是一爪最形象逼真，被人们形象地称为“龙爪柏”。在阳台宫大门内西侧也有一株龙柏，顶部也有形似蛟龙的枯枝，两株龙柏形成二龙戏珠之势。

阳台宫内5株龙柏梢部的枯枝看似干枯，其实并未干枯，只是不长枝叶而已，如果真是干枯的话恐怕早就折落了，而它们保持此形状已有很多年，即使八九十岁的老人也都说打记事起就是这样，究竟这种造形起于何时，无法考证。有人讲这是天上七仙女的工艺，也未可知。其科学道理，有待于人们去研究。

龙爪柏
Dragon's claws Cypress

阳台宫鸟柏（编号250）

“鸟柏”（中文名是龙柏）位于济源市王屋山阳台宫三清大殿东南方“凤柏”之南，树高15m，胸围212cm，冠幅4m，树龄1200余年，系唐代所栽。

据考证，此树为唐代著名道士司马承祯和唐玄宗之妹玉真公主在此学道炼丹时所植，经历了多年风霜雨露，雷鸣电闪，形态稀奇古怪，淡绿苍翠，清香挺拔，纹理古朴苍劲，树梢的枯枝形如飞鸟，故当地人们称为“鸟柏”，和北边的“凤柏”形成了“百鸟朝凤”之势。目前，此树生长明显衰弱，出现枯枝，树干上有鸟洞，阳台宫文物管理处工作人员每年定期给疗伤和施肥、中耕、浇水，以使它尽早康复。

阳台宫凤柏（编号251）

济源市王屋山阳台宫三清大殿东南方有两株并排生长的古柏，靠北的一株为凤柏，树高16m，胸围270cm，平均冠幅8m，树龄1200余年，系唐代所植。

据考证，此树系唐代著名道教上清派茅山宗第四代宗师司马承祯、唐玄宗之妹玉真公主建观时所植。该树由于长期的风雨剥蚀，致使顶部枝梢干枯，造型奇特，如一只引吭高歌的凤凰，故当地人称为“凤柏”。与它相距3m处有一株“鸟柏”，两树相应呈百鸟朝凤之势。目前，“凤柏”长势较弱，枝梢干枯，新枝新梢较少，树干上有鸟洞现象，阳台宫文物管理处工作人员定期为“凤柏”治病疗伤，以使这株千年古树再现繁茂。

阳台宫龙柏（编号252）

该龙柏位于阳台宫三清大殿西南，树龄1200年，树高16m，地围340cm，平均冠幅9m。该树尽管历经千余年的风风雨雨，但是依然枝繁叶茂，长势旺盛。

阳台宫伞柏（编号253）

济源市阳台宫玉皇阁东北方有一株伞柏，树高17m，胸围436cm，平均冠幅11m，为唐代栽植，迄今有1200余年的历史。

据考证，此树为唐代著名道士司马承祯和唐玄宗之妹玉真公主在此建观修道时所植，因树冠如伞而被当地百姓称为伞柏。据传，伞柏的由来也有两种说法，一种是当年玉真公主在此学道时，曾在此树下避过雨，因此人们称之为“伞柏”；另一种说法是玉皇阁内供奉着玉皇大帝，这株龙柏是玉帝出行时象征身份和地位的皇罗伞的化身，因而也叫“华盖柏”。

这株古柏尽管经历了千年的风吹雨打，但至今仍然枝繁叶茂，是我市现存古柏中最为繁茂的一株。

邵原刘沟大槐树（编号271）

油房洼位于邵原镇南3km处的刘沟村，这里是济源已故文化名人王怀秀的出生地。王怀秀是济源当代著名文人，诗文书画均有一定造诣，尤善古体诗，20世纪80年代以前，被文化圈内人士誉为济源文化界的“泰山北斗”。他曾有一首咏槐诗云：“当中古槐茂，粗可两丈余，枝柯蔽三宅，成荫达亩许”。诗中所赞古槐即在他老宅门前。其树高18m，胸围438cm，平均冠幅12m，为唐代所植，至今已1000余年。

油房洼处王屋山中，有山有水，再配上千年古槐，更是得天独厚，无怪乎穷乡僻壤中走出了王怀秀这样一位文人。古树、老院、青山，三者相得益彰，构成一幅绝美的自然图画。当年王怀秀就是在这种美景中潜心读书作文，成就自己的少年之梦。如今的古槐虽然树枝顶端已经干枯，光秃秃的枯枝透出绿叶之外，部分根部裸露在外，盘曲纠结，树身上也出现了一些树洞。但总体上古槐依旧健康，树身强健，姿态优美，躯干端直，古朴典雅，枝繁叶茂，生机勃勃，表现出旺盛的生命力。由此形成的蓊蓊郁郁的景象，仍是小村最美丽的风景之一。

下冶南桐大槐树（编号396）

济源市下冶乡南桐村前庄居民组有一棵大槐树，迄今已有1000多年历史，树高15m，胸围437cm，平均冠幅22m。

据村人讲，他们的祖先是300多年前从山西迁移至此的。当时祖先从山西历尽艰辛来到这里时，又饥又饿，猛抬头看到一棵大树，巍峨挺拔，郁郁葱葱，屹立在山坡之上，顿觉眼前一亮，觉得这里是一块风水宝地，于是便决定在此定居下来。清朝道光年间，天下大旱，此树遭遇大劫，两年没有发芽，谁知两年后又奇迹般地起死回生。1943年闹饥荒，附近饿死人无数，这个小村的人靠吃老槐树叶、榆皮面，才算熬了过来。因此这里的群众对这棵树有一种特殊的感情。

现在这棵雄伟的古槐，依然屹立在村口的山坡上，虽然历经千年，看上去依然年轻。浓密的枝叶，郁郁葱葱，形成巨大的树冠，遮蔽着树下近半亩的土地。它挺拔的身姿，巍峨壮观的形象，令每一个看到它的人，都被深深吸引。槐花绽放的时候，绿叶衬着白花，像白色的云朵在山间飘浮，把千年古槐打扮得更加美丽。

下冶楼沟橿子栎（编号405）

该橿子栎位于下冶镇楼沟村田腰，树龄1300年，树高10m，地围770cm，平均冠幅19m。该树位于窑顶，由于塌方，树根完全悬空，形态奇特。目前长势旺盛。

下冶楼沟橿子栎（编号434）

该橿子栎位于下冶镇楼沟村张家庄，树龄1200年，树高12m，胸围310cm，平均冠幅18m。目前长势旺盛。

下冶楼沟橿子栎（编号435）

该橿子栎位于下冶镇楼沟村张家庄，树龄1200年，树高11m，胸围250cm，平均冠幅23m。该树树冠巨大，侧枝较长，目前长势良好。

LISHI
JIANZHENG

轵城柿花沟大槐树（编号11）

柿花沟大槐树，位于济源市轵城镇柿花沟村马岭居民组，树高28m，胸围550cm，平均冠幅20m，枝叶茂盛，占地约1亩。经考证植于唐代中后期，至今已有1200多年历史，是我市境内最古老、最大的一株槐树，中原地区极为罕见，也是河南省三大古槐之一。

此树躯干粗壮，外貌雄伟，在小村中傲然耸立，犹如鹤立鸡群，高出周围房屋之上。它有三大主枝，八小侧枝。1990年东侧断落一枝，直径约80cm，长10余米，至今断枝仍放在树下，作为历史变迁的见证，被当地群众小心地保护起来。

在古槐漫长的生涯中，有着极不平凡的过去。它和人一样，有苦有乐，也有骄傲和耻辱。抗日战争时期，古槐也曾遭遇劫难，有一次日寇到村里抢掠，它被砍去一枝，引火焚烧，三天三夜不熄，其情凄惨。但是古树是坚强的，任凭火焚斧劈，依然顽强挺立。1944年皮定钧率“豫西抗日先遣队”，从太行山南下，挺进豫中豫东开辟抗日根据地，途经济源时，就曾在此树下召开了强渡黄河会议。古槐有幸，见证了那个伟大的时代。新中国成立后，古槐的命运也和中国人民一样，迎来了生命的春天，老而弥坚，愈发茂盛葱茏。在民间传说中，古树都是通神的，当地群众也将这棵树视为神树，对它顶礼膜拜，焚香祈祷的人络绎不绝。

1998年11月，古槐被济源市政府公布为市级保护文物。1999年该村村民自发集资6000余元在树旁修建了护树围栏和一座平顶碑亭，古槐得到了妥善保护。年深日久，岁月剥蚀，古槐已经中空，不复当年英姿，但苍劲雄伟，虬枝盘曲，更显其壮观。

承留虎岭七叶树（编号90）

虎岭七叶树位于济源市承留镇虎岭村东，树高14m，胸围312cm，平均冠幅17m，相传唐代从西域移来所植，树龄1000余年，有我国“娑罗树第一大寿星”之称。

虎岭七叶树位于虎岭村关帝庙遗址，此庙离封门5km。封门口古称轵关，为太行山八陉第一陉，是河内进入晋南的必经之路。历来为兵家战略要地，两山之中，一条谷道倾斜向上，地势险要，易守难攻，是打伏击战的好地方。据记载，1938年2月21日侵华日军由沁阳、济源向西进犯过程中，曾遭到当时国民党29军宋哲元部队胡文郁团在封门口的二次阻击，打死日军千余人，战马200余匹，满沟横七竖八躺着日军尸体。日军恼羞成怒疯狂反扑，并三次动用飞机大炮在封门一带狂轰滥炸，致使虎岭关帝庙被毁，古七叶树也曾被烧，后经当地群众及时抢救，这棵古树才逐步恢复了生机。每年的5月中下旬，七叶树花盛开时节，一座座雪白的小宝塔形花序矗立在树冠外围，满树洁白，把整棵古树点缀得古香古色，分外绚丽，同时也增加了古树神秘的色彩。

1000年来，它历经了炮火的洗礼，风雨沧桑，已成为历史的见证。如今，古庙已不复存在，古树主干也已枯空，但仍然枝叶繁茂，郁郁葱葱，生机盎然，犹如一把大伞，成了人们休闲纳凉的好地方；同时尚未愈合的伤疤向人们讲述着虎岭村被烧、关帝庙被毁的那段屈辱的历史，要中华儿女永远记住“落后就要挨打”的古训，激励后人为振兴中华而努力。

坡头连地八股柏（编号145）

济源市坡头镇连地村灰槽沟薛铭行门前，生长着一棵枝叶繁茂、苍郁葱茏的柏树，树高10m，地围254cm，平均冠幅13m，迄今已有500年历史。

这株古柏树干短粗，生机蓬勃，繁茂的枝叶从短粗的主干上向周围延伸，浓密的枝叶，撒下满地绿荫，因主干上生长有大小相近的八个主枝，故称“八股柏”。

据当地人讲，抗日战争时期，由于杜八联在黄河沿岸一带，频繁袭击日寇，给敌人以不小的杀伤，令日寇非常头疼。为了消除隐患，铲除革命武装，1941年下半年，驻济源日军纠集一批日伪军开进坡头，对黄河沿岸的村庄进行了疯狂的“扫荡”，敌人所过之处，一片狼藉。八股柏在敌人的这一次“扫荡”中也遭遇大劫，被锯下一枝。因此，现在的柏树，只剩下了七枝，远远望去，如文人的笔筒，插了七支巨笔，充满诗情画意，但习惯上人们仍叫它“八股柏”。

目前，此树生长良好，依旧枝叶繁茂，但仔细看时会发现，葱绿的枝叶中夹杂着一些细小的枯枝，像乌黑的头发中开始出现灰色。岁月无情，天地万物都会老去，古柏也在岁月的催逼中逐渐失去青春容颜。

王屋西坪红豆杉（编号210）

济源市王屋镇西坪村原山居民组紫柏树庄有一株南方红豆杉，树高13m，胸围507cm，平均冠幅17m，迄今有1300余年，是河南省内最大的一株古红豆杉，是国家一级重点保护植物。

红豆杉又名肩柏，红豆杉科红豆杉属，为亚热带常绿乔木或灌木，雌雄异株、异花授粉，为典型的阴性树种。主要生于阴坡和沟谷之中，常处于林冠下乔木第二、三层，散生，太行山基本无纯林存在，也极少团块分布。由于红豆杉生长缓慢、种群竞争力弱、天然更新缓慢和地理分布局限等客观因素，自然界已非常稀少，20世纪80年代被列入国家二级保护植物。90年代以来，随着抗癌新药紫杉醇的发现和提纯，以红豆杉树皮、树根、树叶等为原料提取的“紫杉醇”被世界公认为人类未来20年间最有效的抗癌新药之一，其原料供需矛盾日益突出，人类掠夺式的生产经营活动，加剧了其濒危程度。1999年我国将红豆杉属的全部植物种列入一级保护植物。

南方红豆杉，四季常青，树姿优美，老叶墨绿，新叶嫩黄，侧枝平展，尤其是秋天来临，红豆成熟，晶莹透亮，犹如玛瑙，与绿叶相互衬托，煞是好看，因而适宜庭院栽植，由于生长慢，叶细果好，也是制作盆景的高档材料。红豆杉，木材纹理直，最耐水湿，是细木家具和造船的优等木材，枝叶熬水做茶，色红味香，具有消炎祛暑之效。

红豆杉，为第四纪冰川期的遗留物种，被称为植物王国的“活化石”，是世界珍稀濒危植物。因树皮为紫色，又称紫柏树，紫柏树庄也因此而得名。据载1938年侵华日军在王屋山向西进犯过程中，曾遭到了国民党29军宋哲元部队胡文郁团在封门口的四次阻击，打死日军千余人，战马200余匹，满沟横七竖八躺着日军尸体，无法经大路到山西，在汉奸的引导下，改由玉皇庙、西坪操小路西进，来到西坪原山紫柏树庄烧杀抢掠，无恶不做，日本兵在这里居住、做饭，吃饱以后又开始杀戮群众，但群众大都逃进山里，坚壁清野，致使鬼子恼羞成怒，放火烧了紫柏树庄，紫柏树也未能幸免于难，被大火燃着。而后日本兵怕追兵追来，慌忙逃走。当地群众回庄后，房屋都被烧毁，见这棵树仍在冒烟，就奋力抢救，但树心已被烧空，由于救火时浇了足量的水，这棵树才得以生还。当地人看到这棵树烧空心还能成活，认为是个奇迹，确有神灵保佑，便将该树视为“神树”，受到村民的崇敬和很好地保护，时常有人到树下朝拜祭祀求平安，经常是红绫包身，即使断裂下来的大枝也被保护完好。

此树主干折裂，满腹皆空，如今仍可看到腹部被大火烧成的树洞，东西两枝1999年冬被大雪压折，只有西北一大主枝生长旺盛，整个树势明显变弱，但树形整齐，皮部完整，枝叶碧绿，常年开花，果子成熟后，晶莹透亮、红如玛瑙，久存不蛀。

邵原河西橿子栎（编号270）

河西橿子栎位于济源市邵原镇河西马庄居民组，树高13m，胸围435cm，平均冠幅13m，迄今1000余年历史，为该村蚩尤观中遗物。

蚩尤是古代战神，传说其骁勇善战，能驰驱百兽，手下一班兄弟，个个武艺高强，曾多次战败炎黄联军，后黄帝在济源天坛设坛祭天，借九天玄女所授兵书，才擒杀蚩尤，一统华夏。相传邵原一带曾是蚩尤与黄帝争战之处。当地父老敬其勇猛，故于马庄建蚩尤观。人多势众，成王败寇观念，自古以来在我国民众思想中根深蒂固，以失败者而被后世建庙观纪念者，数千年来，唯蚩尤、项羽等寥寥数人而已。蚩尤观最初建于何代，已不可考，历史上蚩尤观多次遭战火毁弃，金明两代都曾重建，最后一次毁于1938年日寇入侵之时。据邵原史志记，日寇入侵王屋山时，在封门口遭到我军顽强抵抗，损失惨重，恼羞成怒的日军突破防线后，对王屋山一带抗日群众进行疯狂报复。蚩尤观也在当时被日寇付之一炬。在此次劫难中，橿子栎周身枝叶被砍伐殆尽，奄奄一息。后经当地百姓极力抢救，橿子栎才不致死去。而今蚩尤观早已化作尘土，只有橿子栎依然挺立。

橿子栎在济源市分布较广，目前保存下来的古树有40余株，该树是目前济源市境内现存最大、最古老的一棵橿子栎，当地人称“橿树王”。

坡头佛涧孤柏树（编号197）

在坡头镇佛涧村孤柏树岭，生长着一株柏树，整个山坡上只有这一棵大树，远远望去，十分醒目，据说孤柏树岭就是以此命名。该树树龄200年，树高7m，胸围110cm，平均冠幅7m。

这株柏树十分奇特，半边郁郁葱葱，长势旺盛，另半边却完全干枯，毫无生机。据当地老人讲，抗日战争时期，由于杜八联在黄河沿岸一带，频繁袭击日寇，给敌人以不小的杀伤，令日寇非常头疼。为了消除隐患，铲除革命武装，1941年下半年，驻济源日军，纠集一批日伪军，浩浩荡荡，开进坡头，对黄河沿岸的村庄，进行了疯狂的“扫荡”，敌人所过之处，一片狼藉，日伪军在佛涧孤柏树岭为了逼迫抗日武装现身，他们放火烧山，整个孤柏树岭顿时一片火海，这棵柏树也未能幸免。让人惊讶的是，来年春天，这棵曾沐浴火海的老柏树，半边身子又恢复了生机，重新长出新的枝叶。“群峰壁立太行头，天险黄河一望收。两岸烽烟红似火，此行当可慰同仇。”就像朱德总司令在《出太行》中描写的一样，这棵古柏树挺拔屹立在山头上，半边枯死的树枝无声控诉着日军的暴行，见证着这段悲壮沧桑的历史，另半边新生枝叶象征着中国人民不屈不挠的抗日精神，鼓舞着一代又一代济源人民不断前进。

目前，这棵柏树被当地老百姓称为神树，时常前去拜祭，特别是那些老革命、老红军更是把这里当成缅怀过去的最佳场所。

邵原黄背角栓皮栎（编号441）

在邵原镇黄背角生长着一株栓皮栎，树龄150年，树高7m，胸围146cm，平均冠幅6.5m。这棵看似普通的栓皮栎，却见证了一段如火如荼、气壮太行的抗战历史，成为讲述历史的活教材。

1938年2月，济源县城沦陷，日军主力继续西犯，留下其所属河西联队3000余人驻守济源，制造了一幕幕骇人听闻的人间惨剧。

1938年4月，聂真、唐天际率特委和游击队司令部机关人员，南下济源，进驻邵原、北寨等地，全力扩充抗日武装，吸引和集聚了周边县市的大批爱国青年。根据晋豫特委的指示，济源县委书记杨伯笙率杜八联抗日自卫团、金六联抗日自卫团200人（枪）成建制地参加“唐支队”，沁阳县委的冯精华也先后亲自组织和带领三批青年骨干上山参军。晋豫边所属其他十几个县也先后动员不少青年向这里聚拢。4月28日，八路军晋豫边抗日游击队在邵原黄楝树村召开誓师大会，宣布正式成立，唐天际任司令员，敖纪民任政委兼政治部主任，方升普任副司令员兼参谋长，杨伯笙任政治部副主任，拉开了晋豫边抗日游击战争的序幕。

这棵150年的栓皮栎，巍然屹立在山头上，就像坚守阵地的哨兵，挺立在抗日游击队的阵地前沿，岿然不动，它身上的弹孔至今依然清晰可见，见证了我抗日军民坚韧不拔、不怕流血牺牲的英勇事迹。

太行王屋巍峨依旧，革命传统常忆常新。这棵老树不断提醒我们重温这段不平凡的历史，教育我们居安思危，发愤图强，永远保持老区人民的革命本色，继承发扬自力更生、艰苦奋斗、坚韧不拔、开拓进取的愚公移山精神，把无数革命先辈为之流血牺牲的玉川大地建设得更加美好，续写出无愧于时代的华彩乐章。

弹孔放大图

文化印记
WENHUA
YINJI

大洞

济渎庙侧柏（编号10）

在济源市济渎庙长生阁门前，生长着一株侧柏，它长在长生阁正前方的崖壁上，几百年来，一直默默地见证着济水文化的历史变迁。此树树龄450年，树高4m，地围170cm，平均冠幅7m。如今长势一般，略呈老态。

轵城槐滩大槐树（编号31）

该国槐位于济源市轵城镇槐滩村双柿树关帝庙旁。树高9m，胸围348cm，平均冠幅19m，树龄800余年，枝叶繁茂，郁郁葱葱，被当地人尊为神树。

相传此树为宋朝所栽。徽宗年间，三国时蜀将关羽被追封为“忠惠公”和“义勇武安王”，各地纷纷建庙，供奉祭祀，所建庙宇称为“关帝庙”，而这棵槐树也在当时作为风景树栽于庙旁。此处是黄河一带客商通往陕西、山西的必经之路，十分繁华，关帝庙因此香火鼎盛。寒来暑往，岁月更迭，不知不觉，曾经的小槐，长成了参天大树，撒下一地绿荫，绿影婆娑，古庙森森，构成小村一道美丽的风景。

历史上这棵树也曾几乎遭遇灭顶之灾。据传清朝末年，济源一带大旱，槐滩粮食绝收，饥饿难忍之下，有人想将这棵树伐掉卖钱换粮，此意一出，村人群起响应。于是大伙便操起斧锯，来到庙前准备动手砍树。此时正好邻村有一个教书先生路过此处，发现有几个人手拿斧锯，正欲砍树。教书先生大惊，急忙上前制止。待到问明原因，先生深为乡亲们的艰难处境表示同情，但终不忍看到数百年历史的古树一朝被毁，思之再三，最后心一横，回家把多年积攒的5块大洋取出来，交给砍树人以换取这棵树的平安。由此这棵树才又幸运地活了下来。

目前，当地群众自筹资金在树的周围修建了围栏，古槐得到了妥善保护。

轵城大明寺七叶树（编号37）

大明寺七叶树位于济源市南部6km处的轵城镇大明寺内，树高18m，胸围296cm，平均冠幅20m，迄今有1000余年的历史。

七叶树有一定的耐寒和耐阴性，在阳光充足、气候温和处生长旺盛。它具有深根性、生长速度慢、寿命长的特性，树干通直，树冠整齐，叶大荫浓，花序庞大，在园林中孤植或群植效果极佳。七叶树材质轻软，黄白色，易加工，可供小木工艺及造纸用。树皮及根内含碱质，可供洗涤用。种子入药，有散郁闷、安心神之效，故有“开心果”之名，也可治胃病；种子含油量36.8%，并含有淀粉及脂肪，可作饲料及榨油；叶、花可做颜料，嫩芽可做药材和茶叶。枝、叶、花都极为美观，具有很高的观赏价值，为优良的行道树和庭院绿化树种。

七叶树，又称娑罗树，属七叶树科，七叶树属，落叶乔木，是佛教圣地所栽的树种之一。据传西汉时期，轵城曾四度封为侯国，大明寺前身是轵侯祭祖的祖庙，宋仁宗康定年间（公元1040年）改为寺院名道慧禅院，元初改为大明寺。又说是宋时被称为明教的摩民教比较盛行，他们在古轵国建立了寺院被称为大明寺，由于该教在明末绝迹而后此庙逐步败落。七叶树、菩提树、阎浮树为佛教三宝树，因而此树被栽到中佛殿月台前。新中国成立后，大明寺为济源四中所利用，作为学校教学和师生住宿场所。历经一千多年严寒酷暑、狂风暴雨洗礼的七叶树，以它那不屈的精神，激励着走进这个校园的一个个学生刻苦学习、努力工作，成为国家栋梁之材，四中的历届师生也期待着七叶树，以不息的生命给这个校园撑起一方阴凉！七叶树就像这个校园忠实的园丁，送走了一批批学成奋飞的有为青年，又迎来一批批渴求新知识的莘莘学子！

目前这株历经千余年风吹日晒的七叶树，枝叶蔽日，生长苍劲有力，状如华盖，是河南省现有七叶树中最繁茂的一株。

克井盘谷寺扭枝柏（编号106）

盘谷寺扭枝柏位于克井大社盘谷寺前，树高11m，胸围143cm，平均冠幅5m，树龄350年。

说起盘谷寺人们都会想到唐代大文豪韩愈的《送李愿归盘谷序》，韩愈才华盖世，一篇《送李愿归盘谷序》使盘谷寺名扬天下。除此之外，扭枝柏也是盘谷寺一大奇观。与一般柏树不同，盘谷寺周围的柏树躯干都是呈麻花状生长，躯干扭曲，貌状奇特，莽莽苍苍，遍布盘谷寺周围。

盘谷寺位于济源市城北15km的太行山南麓盘谷口，寺以谷名，故曰盘谷寺。该寺北魏时期创建，唐代时因韩愈《送李愿归盘谷序》名声鹊起，到明代时香火达到鼎盛。扭枝柏的传说就起源于明代。相传明洪武年间，盘谷寺的住持是一个叫古峰的和尚。这古峰和尚道行精深，知识渊博，是对盘谷寺发展影响最大的一位住持。他任住持期间，大力弘扬佛教，宣扬佛法，并对盘谷寺进行了重修和扩建。盘谷寺因此声名大振，除了当地香客之外，西至太原，南至安徽亳州，近及开封、怀庆等地的佛门僧尼也纷纷来此受戒。由于受戒和尚众多，不免鱼龙混杂，使一些心怀不轨之徒也混入寺内。据传盘谷寺有一镇山之宝，名曰“聚宝盆”，由古峰亲自掌管。这些人中有人觊觎“聚宝盆”，被古峰察觉。为防不测，古峰和尚在一个月黑风高之夜，悄悄怀揣宝贝爬上寺后半山，将其埋在山坡上一棵小柏树下。为了日后好找，特意将这棵小柏树扭成麻花状。弥留之际，才将此秘密告知钵传大弟子，谁知隔墙有耳，被早就觊觎宝贝的和尚窃听到，当夜，趁着古峰圆寂，众弟子忙于操办葬礼的混乱之际，这和尚悄悄避开众人，偷偷上山挖宝。谁知等他上到山上时，却见满山柏树尽是扭枝，寻觅多时，毫无所得，不由心烦意乱，最后竟失足坠崖而死。据说这满山的扭枝是古峰和尚为防止宝贝被盗，显灵所致。这自然不是扭枝柏树形成的原因，但这个故事蕴含的“人不可贪、贪必招祸”的道理，却值得人们时刻警醒！

悠悠700年过去，盘谷寺几经兴废，早已没有了昔日的繁盛，聚宝盆也不知所终，但扭枝柏作为一种奇特的柏树，却留在了这里。当年被古峰和尚施过法术的柏树，而今只剩下了这一棵，在满山苍翠的其他扭枝柏面前，它像一个历经沧桑的老人，虽然古朴苍苍，依旧傲然挺立，向人们诉说着一段传奇的历史。清朝诗人侯立德有诗赞曰：“壁立空悬万仞山，倒垂挨柏老苍颜。鹤巢翠盖径年久，立销虬枝尽日闲。”

弘扬正法、
年古柏

王屋林山孙真坟国槐（编号214）

该国槐位于王屋镇林山村孙真坟，树龄600年，树高14m，胸围292cm，平均冠幅12m。目前长势一般。

王屋林山孙真坟黄连木（编号215）

该黄连木位于王屋镇林山村孙真坟，树龄400年，树高15m，胸围242cm，平均冠幅14m。目前长势良好。

王屋林山孙真坟黄连木（编号216）

该黄连木位于王屋镇林山村孙真坟，树龄300年，树高15m，胸围216cm，平均冠幅10m。目前长势良好。

王屋林山孙真坟黄连木（编号217）

在王屋镇林山村孙思邈的坟前，生长着一株黄连木，树龄150年，树高12m，胸围150cm，平均冠幅11m。

清乾隆年间编写的《济源县志》记载："王母洞洞南，峰水环秀者，孙真人茔也"。据说，王屋山中的孙真人墓、孙真人祠等建筑都毁于"文革"期间。1996年，王屋山孙思邈研究中心申请济源市人民政府批准，重修孙思邈墓地。

孙思邈虽然出生在陕西耀县，但晚年隐居在济源王屋山中，采药种药，为民治病，在今天王屋山中还流传着许多遗迹和脍炙人口的故事。他晚年长期在王屋山隐居，死后就埋在王屋山中。

目前该树长势良好。

王屋林山孙真坟槲栎（编号218）

该槲栎位于王屋镇林山村孙思邈庙前，树龄300年，树高15m，胸围202cm，平均冠幅10m。目前该树长势良好。

王屋阳台宫七叶树（编号249）

在道教圣地王屋山阳台宫，有一株绿荫如盖的七叶树，格外引人注目。该树树高12m，胸围300cm，平均冠幅13m，相传唐代所植，迄今有1000多年历史。

七叶树花为白塔状，由于果实成熟后可用线串起来做佛珠使用，所以寺庙广植七叶树且被称为佛树，为我国古代佛门三宝树之一，是佛教的象征。中华两千年来的思想文化，大多渊源于儒、道、佛三家，儒家一直被尊为正统，道佛两教一中一西。千百年来，道、佛两教明争暗斗，此消彼长。特别是西汉时，天竺僧人用白马把佛经驮入中土后，南无阿弥陀佛地梵唱，像千古名曲传颂至今；佛走的是群众路线，只要心中有佛，人人皆可以成佛，即使杀了人，只要放下屠刀，也能立地成佛。佛教还强调因果报应，今生可以修来世，这辈子衣不蔽体，只要诚心拜佛，下辈子就可以穿绫罗绸缎，于是信徒们就趋之若鹜。隋唐以后，佛殿如雨后春笋般遍布神州大地，大有一举歼灭道教之势。

司马承祯，唐初名道。唐明皇吩咐他去振兴道教，并叫舍妹玉真公主随他前往。天命不可违，司马承祯带着皇命厚封，跑遍全国各地选择吉地修建道观。一天师徒二人来到天下第一洞天王屋山下，看到这是一块丹凤朝阳之宝地，于是选这块向阳的坡地，修建了阳台宫。玉真公主

喜欢热闹，天性刁蛮任性，在庙里整天陪着司马承祯白胡子老头念经，郁闷不乐。有一天她把拂尘一丢，对司马说：看白马寺、少林寺那边多么热闹，我们这道观冷冷清清，没有来人，还像个道观吗？司马答道：公主金枝玉叶臣民们不敢仰视，这是其一；其二是现在天热，流行光头，戴帽子扎辫子的人不多，而光头和尚自然是胡闹的。哪知玉真公主见司马糊弄她，就发了脾气：你自个儿图清静，想一人得道，不去招揽善男信女，怎么振兴道教？说得司马承祯一时语塞，他不敢得罪公主，更不敢得罪皇帝。同时也为了振兴阳台宫，竟把道教佛教融为一体，不管道教佛教，都能来阳台宫焚香朝神。于是从长安搞来一棵佛教七叶树，栽植于当院。当初如来就是在此树下参禅成佛，他想，把佛树请进庙宇，一定会构成中西结合的奇观。栽植在哪里合适呢？司马承祯在三清殿前设坛作法，口里振振有词，突然间，他伸出两指往下一指，转身云游去了。回来后，他发现树栽的前不前，后不后，中不中，在两侧的柏树中间，看着极不顺眼。他把小道士们找来训了一顿：没看我伸出两指吗？叫你们站在这儿往前走两步挖坑，你们却理会不得栽错了，要是佛教狂热分子，借机生出事端，后果全由你们负责！但这种树难栽，不宜来回挪动，说说只好作罢，好在善男信女也不甚懂，只认为佛道合二为一了。自此以后，阳台宫就闹哄起来，信佛的拜树，信道的敬香。玉真公主也高兴起来直把喜报报向皇宫。司马承祯振兴道教有功，受到了重用。也有人说是司马承祯怕斗不过佛教，故意暗示小道士把菩提栽在中轴线偏侧，颇有斜栽暗骂之意，只显示了道教宽宏大量，容留佛教一席之地。这也许就是中西文化交融的一个例证。不过这些说法没有任何记载，更无从考证。而这株七叶树真真实实地已达到了1200余年。虽然老干斑驳，但夏天依然浓荫蔽日，秋果摇曳，为游人增添了不少乐趣。为了加强古树的保护，阳台宫文管处自建立以来，派出专人管理，每年定期为七叶树松土、施肥、浇水，才使得千年古树永葆青春。

王屋林山孙真坟黄连木（编号446）

该黄连木位于王屋镇林山村孙真坟，树龄400年，树高14m，胸围260cm，平均冠幅10m。目前长势良好。

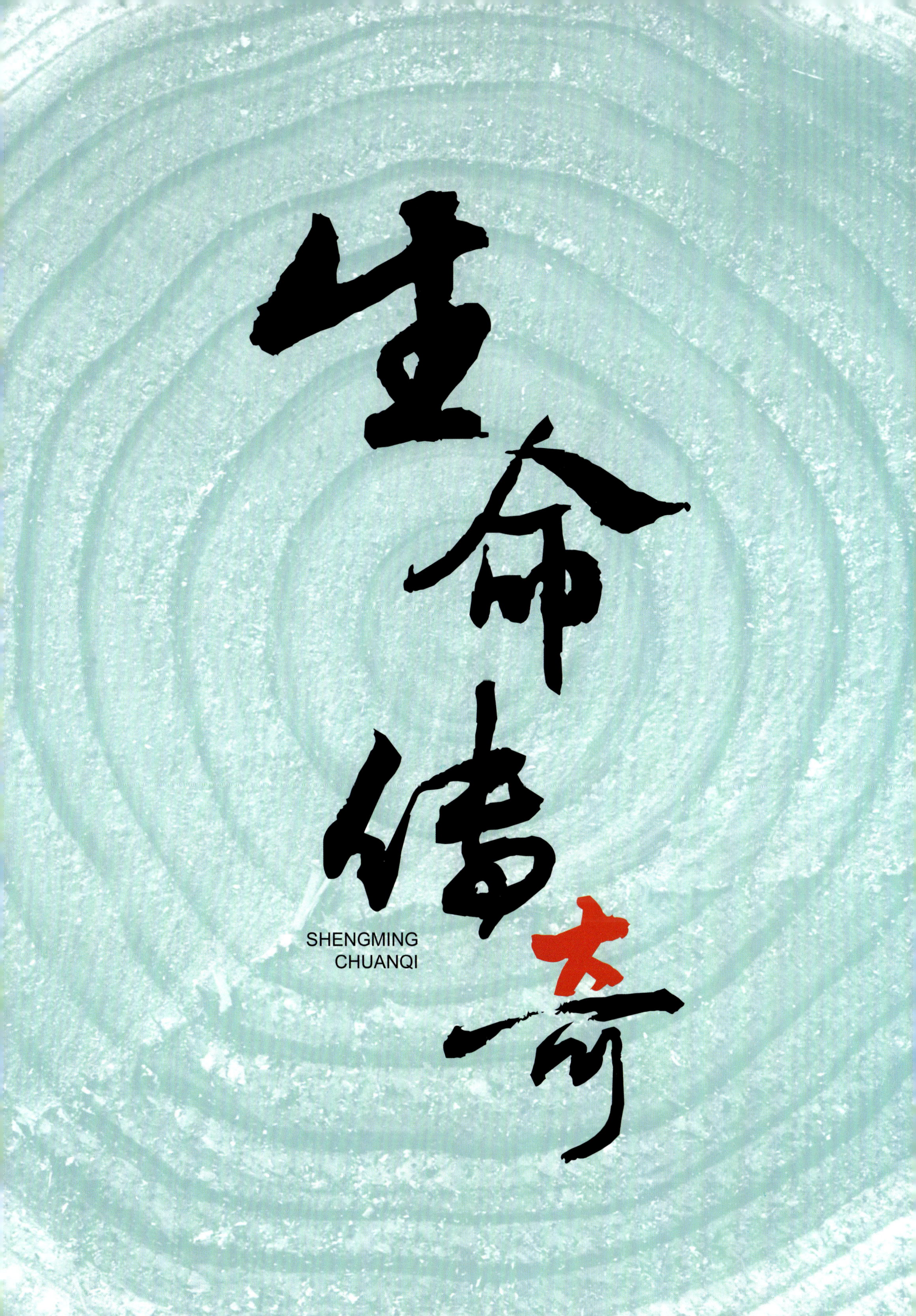
生命傳奇
SHENGMING
CHUANQI

槐仙大槐树（编号1）

该槐树位于济源市最繁华的商业街宣化街槐仙大楼前，树龄300年，树高18m，胸围214cm，平均冠幅17m，目前长势旺盛。

轵城黄龙国槐（编号12）

该国槐位于轵城镇黄龙4队，树龄400年，树高12m，胸围263cm，平均冠幅12m，目前长势一般。

轵城翟庄毛白杨（编号14）

济源市轵城镇翟庄居民组有一株毛白杨，高18m，胸围410cm，平均冠幅15m，迄今有350多年历史。毛白杨是寿命短的速生用材树种，居然能生长300多年，在我国也极为罕见，被当地群众尊称为“老爷杨”，并奉为神树，备受人们呵护。

毛白杨，落叶乔木，属杨柳科杨属，白杨派树种。毛白杨高大挺拔，生长快，材质好，分布广。在我国已有2000多年的栽培历史，是我国特有的乡土树种，主要分布在黄河中下游地区，面积达100万km^2。适应性和抗逆性强，材质优良，在杨树中名列前茅，是我国北方的重要用材、行道、造林树种。然而，毛白杨作为古树在济源市保存下来却只有这一株。

这是济源市最古老的一棵毛白杨，树干粗大，中空，主枝损折，树枝较开张，老枝梢干枯下垂，树冠侧枝与主干的夹角较小，主干高4m，皮孔较大，虽然树干有一半中空干枯，但长势仍比较旺盛，远远望去，好像一位步履蹒跚的老人。

目前，毛白杨在济源市有大面积栽培，它干型通直，材质优良，姿态雄伟，生长迅速，是济源市最常用的用材及生态树种；纹理直，结构细，易干燥，不翘裂，旋、切、刨容易，胶黏及油漆性能良好，木材纤维优良，是良好的建筑和家具材料，也是造纸、纤维、胶合板等工业优质原料；此外毛白杨还具有防风固沙，保护堤岸，保持水土，防止污染，美化环境的作用。因此，被广泛用于道路、街道、农田林网等绿化建设。

轵城战天洞皂荚（编号29）

该皂荚树位于轵城镇战天洞龙关庙前，树龄100年，树高9m，胸围144cm，平均冠幅12m 。目前生长状况良好。

梨林南官庄桑树（编号49）

该桑树位于梨林镇南官庄村中间，是济源市唯一一棵百年以上的桑树，树龄200年，树高12m，胸围256cm，平均冠幅13m。目前侧枝旺盛，长势良好。

思礼水洪池山茱萸（编号66）

该山茱萸位于思礼镇水洪池村西庄，树龄100年，树高6m，地围202cm，平均冠幅8m，为济源市唯一一株百年以上的山茱萸。目前长势旺盛。

承留仓房庄黄连木（编号78）

该黄连木位于承留镇仓房庄第三居民组东的山坡上，树龄450年，树高11m，胸围278cm，平均冠幅9m。该树树根裸露，树干粗壮，目前长势旺盛。

承留仓房庄紫藤（编号81）

该紫藤位于承留镇仓房庄4组，树龄200年，树高3m，地围53cm，平均冠幅2m。这是济源市唯一一株百年以上的紫藤，目前该树长势较弱。

承留卫福安脱皮榆（编号86）

该脱皮榆位于承留镇卫福安瓦罐庙老哇坡，树龄350年，树高7m，地围280cm，平均冠幅14m。该树生长在岩石缝隙中，根系裸露，但是依然枝繁叶茂，长势旺盛。

承留老政府桂花（编号92）

该桂花位于承留镇老政府院内，树龄500年，树高10m，地围155cm，平均冠幅7m。据悉，此院解放前属于一孔姓大户人家，解放后该院被乡政府征用，这棵500年的桂花树得以保留下来，它是济源市唯一一株百年以上的桂花。目前该树长势良好。

克井郭庄栾树（编号110）

该树位于济源市克井镇郭庄村，树高14m，胸围208cm，平均冠幅9m，迄今已有500余年的历史。

如今，这棵古老的栾树虽历尽沧桑500多年，但仍然枝繁叶茂，挺拔屹立。每年春风乍起，它便抽枝发芽，葱郁如碧，春末夏初，黄花满枝，继而红灯笼似的果实在微风中摇曳，展示着它那旺盛的生命力和诱人的魅力。

栾树，属于无患子科栾树属，亦称栾华、灯笼树，俗名黑叶树。为落叶乔木。栾树是著名观赏树种，枝叶繁茂秀丽，春季嫩叶发红，夏季满树金黄，入秋蒴果似盏盏灯笼，果皮红色，绚丽悦目，在微风吹动下似铜铃哗哗作响，故又名“摇钱树”。种子可制成佛珠，故寺院中尤为常见。

栾树为温带、亚热带树种。喜温暖湿润气候；喜光，稍耐阴；多生长于石灰岩土壤，也能耐盐渍性土，耐寒耐旱耐瘠薄，并能耐短期水涝。深根性，生长中速，幼时较缓，以后渐快。对风、粉尘污染、二氧化硫、臭氧均有较强的抗性。枝叶有杀菌功能；幼芽被称为“木兰芽”，为北方著名野菜；花为优良的蜜源，并可提取黄色染料，又可供药用；叶片可提取青色染料；木材用于家具、建筑；种子可榨工业用油。它既属经济树种，又为绿化树种，被广泛使用和种植。

栾树适应性强、季相明显，是理想的行道、庭院等景观绿化树种，也是工业污染区配植的好树种。被台湾林学家推崇为应大力推广的亚洲宝树。

栾树属有5种，我国产4种，黄河流域以南分布较广的栾树为黄山栾，其耐寒性不及栾树，但顶芽较栾树发达，假二叉分枝习性没有栾树明显，因此较易培养良好的树形，近年来被业内人士普遍看好。但太行山以北地区常有冻害发生，而栾树却能很好地生长。

克井郭庄山楂（编号111）

该山楂树位于克井镇郭庄村第二居民组磨棚后，是济源市唯一一株百年以上的山楂树，树龄100年，树高5m，胸围122cm，平均冠幅6m。目前枝繁叶茂，长势旺盛。

克井交地国槐（编号114）

该树位于克井镇交地槐树庄，树龄600年，树高12m，胸围272cm，平均冠幅12m。此树有部分大枝已经枯死，有回梢现象，如今长势一般。

五龙口里河百年青檀（编号123）

济源市唯一一株百年以上的青檀树位于五龙口镇里河村金滩，树龄500年，树高6m，胸围216cm，平均冠幅6m。此树由于年代久远，已不复当年的枝繁叶茂，树干主体部分接近枯死，唯有新生的枝条仍然欣欣向荣。

据当地老人讲，解放前后，当地山高林密，常闹狼害，夏夜屋里闷热，睡外边又怕狼袭，当时此树还非常繁茂，树冠颇大，人们就在树上搭起架子，睡在树上，既凉爽又安全。如今，这棵经历无数风雨的老树已经显出老态，但是，新生的枝条给人新的希望，此树已经被济源市绿化委员会作为一级保护古树名木保护起来。

坡头校庄皂荚（编号161）

该皂荚位于坡头镇校庄5组，树龄250年，树高11m，胸围310cm，平均冠幅15m。该树由于所处地势较高、水土流失等原因，树根裸露，目前生长状况一般。

王屋迎门国槐（编号245）

该国槐位于王屋镇迎门紫薇宫，树龄400年，树高15m，胸围250cm，平均冠幅16m。目前长势一般。

邵原洪村橿子栎（编号264）

该橿子栎位于邵原镇洪村，树龄400年，树高7m，胸围152cm，平均冠幅10m。目前生长状况良好。

邵原洪村橿子栎（编号265）

该橿子栎位于邵原镇洪村，树龄450年，树高8m，胸围206cm，平均冠幅12m。目前生长状况良好。

邵原洪村橿子栎（编号266）

该橿子栎位于邵原镇洪村，树龄500年，树高12m，胸围227cm，平均冠幅16m。目前生长状况良好。

邵原金沟大侧柏（编号309）

位于济源市邵原镇金沟村寨圪塔上的大侧柏，迄今已有700余年的历史，树高10m，胸围333cm，平均冠幅12m。树形高大，枝叶稠密，非常壮观。

金沟村位于邵原南部15km处，其南部与黄河相邻。相传，历史上曾有一个姓王的人，在此占山为王，杀富济贫，对抗官府。当年他们还在此处修了山寨。延至后世，便有了这一土坡，当地人称寨疙瘩。不知什么时候，这疙瘩上长出了一棵侧柏。这侧柏挺拔高大，气魄雄伟，历经数百年岁月，依然伟岸挺拔，像一个哨兵，挺立在土坡之上，人们都说这棵树身上沾染了当年那个山大王的英雄之气，所以才如此挺拔茁壮。此树主干高1.5m，主干上有七大主枝，向周围散开，树冠巨大，犹如一把巨伞撑在山顶。夏秋之际，天气炎热，附近干活的农民常会到树下乘凉，此时不仅可享受到侧柏带来的清凉，还可极目远眺黄河对岸的新安，感受到登高望远的情趣。

邵原葛山侧柏（编号310）

该侧柏位于邵原镇葛山村下葛山，树龄400年，树高12m，胸围170cm，平均冠幅9m。目前长势良好。

邵原葛山侧柏（编号311）

该侧柏位于邵原镇葛山村下葛山，树龄350年，树高10m，胸围155cm，平均冠幅8m。目前长势良好。

邵原黄楝树皂荚（编号318）

该皂荚位于邵原镇黄楝树村，树龄400年，树高20m，胸围430cm，平均冠幅19m。该树目前长势一般。

邵原小沟背扶芳藤（编号324）

该扶芳藤位于邵原镇小沟背村，树龄500年，树高5m，胸围50cm，平均冠幅4m。这是济源市唯一一株百年以上的扶芳藤，目前长势一般。

大峪董岭大栎树（编号366）

在济源市大峪镇董岭村，有一株已有500年历史的大栎树，树高13m，胸围361cm，平均冠幅24m。据树龄推测为明代遗物，是济源市最大的一棵古栎树。

此树生长在董岭张天沟居民组刘德平老房东侧，房屋和古树紧挨着，古树高出房屋许多，繁茂的枝叶遮覆着大半个窑院，人、房屋、古树三者相互依存，和谐共生的景象，在这里一览无遗。栎树在济源市分布众多，总面积达40万亩，但像这棵树这样大、这样古老在济源市却是独一无二，因此弥足珍贵。据说1958年大炼钢铁时，曾有人建议砍掉此树炼钢铁，遭到了村里老人的强烈反对才得以保存。

下冶楼沟侧柏（编号406、407）

该侧柏位于下冶镇楼沟村，编号406的树龄200年，树高8m，地围133cm，平均冠幅7m；编号407的树龄350年，树高8m，地围218cm，平均冠幅8m，两棵树目前长势良好。

406号

407号

承留卫福安侧柏（编号422）

该侧柏位于承留镇卫福安村，树龄400年，树高10m，胸围186cm，平均冠幅8m。目前该树长势良好。

邵原南窑黄连木（编号430）

该黄连木位于邵原镇南窑村，树龄300年，树高13m，胸围165cm，平均冠幅9m。目前长势良好。

王屋清虚黄连木（编号436）

该黄连木位于王屋镇清虚牛圈岭，树龄200年，树高12m，胸围178cm，平均冠幅9m。目前长势一般。

王屋清虚黄连木（编号438）

该黄连木位于王屋镇清虚牛圈岭，树龄300年，树高10m，地围605cm，平均冠幅11m。目前长势一般。

王屋林山流苏（编号447）

该流苏位于王屋镇林山村，树龄200年，树高11m，胸围150cm，平均冠幅7m。目前长势良好。

妙趣天成
MIAOQU
TIANCHENG

轵城翟庄侧柏（编号27）

该侧柏位于轵城镇翟庄村，树龄300年，树高10m，胸围123cm，平均冠幅6m。由于水土流失，该树树根裸露，树干悬空。目前该树长势良好。

轵城战天洞皂荚（编号35）

轵城镇战天洞村生长着一株皂荚树，树龄150年，树高14m，胸围202cm，平均冠幅10m。

皂荚，又名皂角树，豆科皂荚属，是我国特有的树种之一，生长旺盛，雌雄异株，雌树结荚（皂角）能力强。皂荚果是医药食品、保健品、化妆品及洗涤用品的天然原料；皂荚种子可消积化食开胃，并含有一种植物胶（瓜尔豆胶），是重要的战略原料；皂荚刺（皂针）内含黄酮甙、酚类、氨基酸，有很高的经济价值。

此树树形奇特，裸露的根系十分发达，有7~8m长，远望犹如一条蜿蜒爬行的巨龙，龙头即为主干，龙尾处又长出一株较小的皂荚树。更让人惊叹的是，该树主干中空，只剩树皮呈半环，里边又从根部长出一株小树，就像母亲怀抱中的婴儿一样，给人留下无数遐想。此树目前依然长势旺盛。

梨林东蒋九股柏（编号48）

该九股柏位于梨林镇东蒋村西南。树龄700年，树高15m，地围514cm，平均冠幅15m。该树距地0.1m处分成9股枝条，其中直径40cm以上有6股，其余3枝直径约20cm，每股主干高5m左右，占地0.4亩，长在该村姓陈家的祖坟上。目前该树长势旺盛。

思礼水洪池七古树（编号59～65）

在思礼镇水洪池村大池居民组北，生长着7株古树，分别为栓皮栎、槲栎和鹅耳枥，树龄在250年到350年不等，最大的一棵高16m，胸围278cm，平均冠幅17m。水洪池地处河南与山西交界处，海拔在1000m以上，气温比济源市区要低5℃以上，当地农民每年只能种一季庄稼。前些年下山只有小路，村民很少下山，过着几乎与世隔绝的生活，生活困苦。现在政府投资修通了水泥路，由于气候凉爽，成了夏天休闲避暑的好去处，这几棵古树下，也成了游人必定光顾的场所。

目前，这几棵古树枝繁叶茂，长势旺盛。

从左向右依次为 62号槲栎、63号槲栎、64号槲栎

61号栓皮栎

59号栓皮栎

60号栓皮栎

65号鹅耳枥

思礼水洪池大栎树（编号67）

水洪池大栎树位于济源市思礼镇水洪池村，树高23m，胸围356cm，平均冠幅14m，传说树龄500年。

栎树，中文名栓皮栎，属壳斗科栎属，落叶乔木。栎树在济源市分布范围较大，常生长于阳坡山麓及山凹处，主根深，耐旱，喜光，对土壤要求不严，以深厚、肥沃、排水良好的壤土或沙壤土最为适宜。在土壤极差的黄沙坡上也能成林。此树根深蒂固，枝叶繁茂，生长力较强。

栓皮栎树干通直，枝条广展，树冠雄伟，浓荫如盖，秋季叶色转为橙褐色，季相变化明显，是良好的绿化观赏树种，孤植、丛植或与它树混交成林，均甚适宜。因根系发达，适应性强，树皮不易烧死，又是营造防风林、水源涵养林及防火林带的优良树种。

在济源栎树也叫柞树，小树叫栎梢儿，长大了才叫栎树。水洪池村满山遍野都长满栎树。山山岭岭，房前房后的坡上，曾经都是大栎树。1958年大炼钢铁时几乎被砍光，只留下这棵大栎树，还是全村几个老太太死死抱住栎树不松手，给村上人留下了一块儿歇凉的地方。

根据推算，该树有500年的树龄，村里的老人讲自打他们记事起就已经这么大，以后似乎再没见长，树荫铺展开能占地一亩多。树高树大多招风，好乘凉，往树底下的石头凳子上一坐，凉爽胜过空调，春夏秋一年三季树底下是全村人的饭场儿。你一言我一语交换信息，低一声高一声谈论古今。春天来了，鸟儿在树上做窝，夏天到了，鸟儿在树上吵闹，冬天一到树叶全部落光，大树枝举着小树枝，粗树枝举着细树枝，老树干像个大力士一样的扛着大小树枝，任你大风小风就是吹不倒，每年春节大栎树都要风光一回，红纸黑字的“树木兴旺”一贴，鞭炮一放，大人小孩男女老少喊的喊，叫的叫，树底下成了会场戏场，把春节闹腾得沸沸扬扬。

承留大沟河国槐（编号73）

该国槐位于承留镇大沟河第一居民组，树龄450年，树高14m，胸围220cm，平均冠幅12m。该树树形奇特，从侧面看就像一只梅花鹿，惟妙惟肖。目前该树生长状况良好。

承留仓房庄国槐（编号80）

该国槐位于承留镇仓房庄四组，树龄300年，树高11m，地围279cm，平均冠幅12m。由于村民硬化路面，该树部分树干被埋进地面以下，树形奇特。目前长势良好。

承留玉皇庙柘树（编号89）

该柘树位于承留镇玉皇庙村14组，树龄500年，树高6m，胸围138cm，平均冠幅4m。当地村民为了保护此树，自发用石块为其垒上围栏。该树树形优美，犹如一个巨型盆景。目前长势一般。

克井郭庄白皮松（编号109）

该白皮松位于克井镇郭庄村鹿甲尾西坡，树龄600年，树高20m，胸围130cm，平均冠幅5m。此树树干通直，主干在离地面5m左右处一分为二，不分主次并排向上生长，宛如双胞胎一般，尽显自然奇妙。

克井交地黄连木（编号113）

在济源市克井镇交地村槐树庄生长着一棵500多年历史的黄连木，树高12m，胸围420cm，平均冠幅12m。

相传此处为蝴蝶寺遗址。这个以蝴蝶命名、听起来很诗意的寺庙，如今除了当地的老人之外，已经很少有人知道了。但是在它的旧址附近，保存下来的古树倒有不少，这株黄连木是最古老的一株。由于雨水的冲刷和淘洗，树根有不少裸露在外，盘曲缠绕，与土地纠结在一起，使人想到它久远的历史和不平凡的过去。其中一根，又粗又长，在地上伸出1m多远，像一条黑色的巨蟒，伏在树下，守护古树的平安。古树雄伟挺拔，形如巨伞，虽历经数百年风雨，依然枝叶繁茂。

坡头栗树沟黄连木（编号128）

该黄连木位于坡头镇栗树沟1组，树龄400年，树高12m，胸围265cm，平均冠幅12m。该树树干中空，中间甚至能够站下一个成年人。目前，该树依然枝繁叶茂，长势良好，是当地村民乘凉的好去处。

坡头校庄檑子栎（编号159）

该檑子栎位于坡头镇校庄村，树龄700年，树高10m，胸围589cm，平均冠幅18m。据当地老人讲，该树以前在主干处垂下几条干枝，形状像一个龙头和几条龙须，当地村民深以为奇，称其为神树，经常来此烧香参拜。该树目前长势旺盛。

王屋上二里黄连木（编号234）

济源市王屋镇上二里村王仙庄居民组阳下路边生长着一棵已有600年历史的古老黄连木，树高13m，胸围630cm，平均冠幅16m，高大雄伟，枝叶繁茂，是小村一道亮丽的风景。

相传，黄连木周围还有两棵大榆树，一棵杏树，一棵大栎树，中间有一巨大的顽石，称为“宝珠”，五棵大树形成“五龙戏珠”之势，后宝珠被南蛮人所破坏，五棵大树先后有四棵死去，现只保留此棵黄连木。

这棵树的根部向着路的一边几乎全部裸露在外，说起来这里面还有个故事。据说，树根原本是被深深埋在地下的，前些年修阳下路，按规划要从黄连木的位置经过，眼看数百年的古树要毁于一旦，村里人就和工程项目部门协商，最终迫使项目部门同意路向边上错了一点。古树保住了，但是也形成了今天树根与墙壁“你中有我，我中有你”、与墙壁紧紧相拥的情景。好在这树的根已经扎地很深了，所以，今天的情形，并没有影响它的生长，且老当益壮，愈发蓬勃旺盛，生机盎然。

王屋麻庄侧柏（编号242）

该侧柏位于王屋镇麻庄村，树龄350年，树高13m，胸围396cm，平均冠幅10m。目前长势良好。

王屋麻庄侧柏（编号243）

该侧柏位于王屋镇麻庄村，树龄300年，树高11m，胸围170cm，平均冠幅10m。目前树根裸露，长势一般。

邵原刘沟四世同堂黄连木（编号272）

在邵原镇刘沟村油坊洼，生长着一株奇特的黄连木，这株黄连木树龄350年，高13m，胸围237cm，平均冠幅15m。奇特的是，在这株黄连木的周围，还生长着三株黄连木，它们都是从这株黄连木的根部长出来的，它们大小各异，最小的只有20余年的树龄，就像四世同堂的一个黄连木家庭，十分有趣。

邵原坟洼橿子栎（编号286）

该橿子栎位于邵原镇坟洼西坑橿树岭，树龄900年，树高11m，胸围401cm，平均冠幅14m。该树树根裸露，树形奇特，目前长势旺盛。

邵原红院橿子栎（编号292）

该橿子栎位于邵原镇红院村井泉处，树龄500年，树高13m，地围345cm，平均冠幅18m。该树树冠巨大，侧枝粗壮，目前长势旺盛。

邵原红院橿子栎（编号302）

该橿子栎位于邵原镇红院村八家嘴，树龄700年，树高10m，地围600cm，平均冠幅16m。该树树根裸露，主干离地面有2m高，由4条树根撑起，树形十分奇特。目前长势旺盛。

邵原葛山皂荚（编号312）

该皂荚位于邵原镇葛山村，树龄200年，树高11m，地围428cm，平均冠幅14m。该树树形奇特，树冠较大，是当地村民夏日乘凉的好去处。在村民的自发保护下，目前长势旺盛。

邵原橿圪塔橿子栎（编号340）

该橿子栎位于邵原镇橿圪塔枣西，树龄600年，树高11m，胸围450cm，平均冠幅13m。该树裸露的树根就像一个雄踞的猛虎，树干就像猛虎高昂的头，惟妙惟肖。目前该树长势良好。

大峪东岭脱皮榆（编号375）

该脱皮榆位于大峪镇东岭村苗王战居民组，树龄400年，树高12m，胸围178cm，平均冠幅12m。目前长势一般。

下冶中吴流苏树（编号401）

济源市下冶镇中吴村牛惊岭有一株流苏，树高7m，胸围167cm，平均冠幅3m，迄今800余年。

流苏，俗名牛惊树，木犀科流苏树属，落叶乔木。流苏在我国主要分布在华北、华中地区，多生长在向阳的山谷中，在济源市林区分布较少，极为罕见。这株幸存的古老流苏树被当地老百姓称为神树。此树每年夏秋时节开花，花序大而美丽，花朵细小繁密，优美奇异，秀丽悦目，清香宜人，因花瓣狭长，繁花下垂，极像我们生活中常用的穗状装饰物——流苏而得名。目前，该树长势衰弱，主干干枯，没有较大的侧枝，只有萌发较小的几枝小枝，远望酷似一件精湛的根雕艺术品。

流苏生长缓慢，木材可制作成器具或用于雕刻，是制作算珠的上好原料，幼树是嫁接桂花之砧木，是较好的园林绿化观赏树种之一。

邵原南山橿子栎群（编号419）

该古树群位于邵原镇南山村东庄橿树咍嘴，由5株橿子栎组成，最大的一株树龄500年，树高11m，地围630cm，平均冠幅22m。这五株古树枝繁叶茂、郁郁葱葱，远远看去，只能看到一团墨绿色的枝叶，根本看不到树干。目前这几株古树长势旺盛。

据村里老人讲，日军侵华时，我抗日哨兵藏在橿子栎树丛中放哨，日军很难发现。由于时代久远，以及一些迷信的传说，被当地村民称为神树，时常焚香参拜，“文化大革命”时，这几棵古树被当做牛鬼蛇神截去枝叶，成了秃子，但是过后又重新长出枝叶，变得生机勃勃。

邵原橿圪塔古树群（编号420）

该古树群位于邵原镇橿圪塔前河，目前仅剩2株橿子栎，较大的一棵树龄700年，树高8m，胸围205cm，平均冠幅9m。目前长势一般。

坡头校庄皂荚（编号425）

该皂荚树位于坡头镇校庄石板沟上岭，树龄300年，树高14m，胸围330cm，平均冠幅12m。当地人有一种迷信的说法，谁家门前有大的皂荚树，谁家就会人丁兴旺，而且分枝越多，家里孩子就越多，所以这棵皂荚树被当地住户很好地保护起来。目前枝繁叶茂，长势旺盛。

十方院白皮松（编号426）

在国有济源市愚公林场林区内有一株200年树龄的白皮松，树高16m，胸围75cm，平均冠幅7m，高大挺拔，巍峨耸立，白色的树干在树林中显得格外引人注目，因其位于十方院遗址北侧，故称十方院白皮松。关于这棵树还有一个神奇的传说。

相传，这棵白皮松原本生长在前边山峰的悬崖上，而此处原来生长的是一棵鸟柏，此树剥皮后树干上的纹理看上去非常奇特，像一只只栩栩如生的小鸟在树干上翩跹起舞，人们皆引以为奇，称之为鸟柏，将它视为神树顶礼膜拜。为保官运亨通，当地县令每年都来这棵树前祭祀。但是有一年冬天，却发生了一件怪事，山民们到山间拾柴，发现有一个人非常奇怪，他拣了许多柴却不往家运，而是都堆在这棵鸟柏周围，把鸟柏围了起来。到了年二十八，别人忙着准备过年时，他才用一辆大马车开始运柴。春节过后，县令前来祭树时，才发现鸟柏已被人偷走，县令当下勃然大怒，立即下令重金悬赏缉拿偷树贼。不久案子告破，偷树贼被抓。原来，此事是在济源做木材生意的南方商人刘民所为。刘民知道此树为宝树后，顿起歹意，扮成拾柴人使了个障眼法，假装拾柴用木材把鸟柏围起来，趁人不备时，把鸟柏夹在木材中偷偷运出山外，他自以为做得天衣无缝，神不知鬼不觉，但还是留下了蛛丝马迹，很快便被抓住。案子告破后，县令就把鸟柏作为贡品献给了皇上。后来县令见鸟柏生长处空荡荡的，因鸟柏难觅，便让人将悬崖上的白皮松移植此处，重新奉之为“神树”，于是这里便有了这棵白皮松。

现在，这棵已有200年历史的古树已被列入济源古树名木，进行挂牌保护。它高大的身躯，傲然挺立在十方院的遗址上，向人们述说那一段不平凡的历史。

邵原南窑橿子栎（编号429）

该橿子栎位于邵原镇南窑村，树龄400年，树高7m，胸围350cm，平均冠幅6m。该树树根裸露，一半树根干枯脱落，一半生一半死，形成强烈的对比，引人遐思。目前长势较弱。

参考文献

宋朝枢，瞿文元主编. 太行山猕猴自然保护区科学考察集[M]. 北京：中国林业出版社，1996.

王照平主编. 河南古树名木[M]. 郑州：河南科学技术出版社，2010.

王淮主编. 河南光山古树名木[M]. 北京：中国林业出版社，2010.

王遂义主编. 河南树木志[M]. 郑州：河南科学技术出版社，1994.

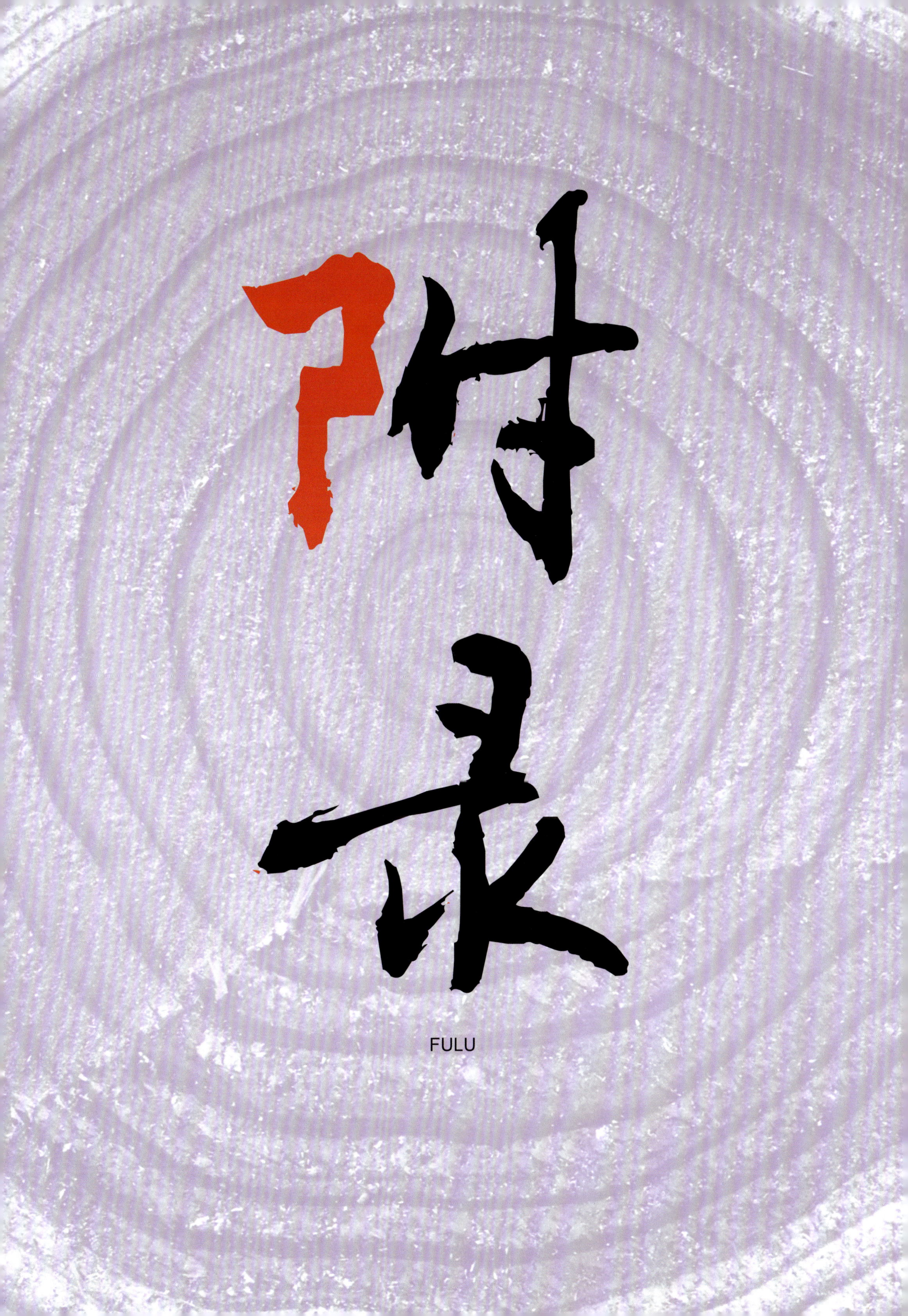
附录
FULU

济源市古树名木分布表

树种	济源市	邵原镇	王屋镇	坡头镇	大峪镇	轵城镇	下冶镇	克井镇	承留镇	思礼镇	济水街道	梨林镇	五龙口镇	北海街道	玉泉街道	古树群
合计	390	87	64	54	42	29	27	26	22	17	6	5	3	3	3	2
国槐	133	26	19	18	15	9	8	18	7	8	4		1			
皂荚	81	11	9	23	10	9	6	1	5		2	2			3	
侧柏	57	17	8	8	4	8	6	1	2			1	1	1		
橿子栎	40	25	2	1	4		5	1								2
黄连木	23	5	8	4	3		1	1	1							
栓皮栎	10	1	3		2					4						
龙柏	6		6													
槲栎	5	1	1							3						
毛白杨	3				2	1										
七叶树	3		1			1			1							
柘树	3								2			1				
桧柏	2													2		
脱皮榆	2				1				1							
椋子木	2				1			1								
白皮松	2		1					1								
流苏	2		1				1									
银杏	1		1													
紫藤	1								1							
桂花	1								1							
栾树	1							1								
山楂	1							1								
青檀	1												1			
红豆杉	1		1													
核桃	1		1													
白榆	1		1													
鹅耳枥	1									1						
山茱萸	1									1						
柿树	1					1										
扶芳藤	1	1														
桑树	1											1				
大叶朴	1		1													
木瓜	1								1							

济源市古树名木目录

编号	中文名	科属	保护级别	树龄	树高(m)	胸围(cm)	冠幅(m)	拉丁名	具体生长位置
1	国槐	豆科、槐属	二级	300	18	214	17	*Sophora japonica* L.	济水西街槐仙大楼前
2	国槐	豆科、槐属	二级	300	7	185	5	*Sophora japonica* L.	济水西街水果市场北
3	国槐	豆科、槐属	二级	300	6	215	7	*Sophora japonica* L.	济水西街水果市场北第三居民组
4	皂荚	豆科、皂荚属	三级	250	14	155	5	*Gleditsia sinensis* Lam.	济水北街水果市场东家属院北头
5	皂荚	豆科、皂荚属	三级	250	13	278	13	*Gleditsia sinensis* Lam.	济水西街小学院内
6	皂荚	豆科、皂荚属	三级	100	18	165	12	*Gleditsia sinensis* Lam.	济水东园狄庄村
8	桧柏	柏科、刺柏属	一级	2200	18	575	8	*Juniperus chinensis*(L.)Antoine	北海济渎庙渊德门背后
9	桧柏	柏科、刺柏属	一级	2200	21	628	11	*Juniperus chinensis*(L.)Antoine	北海济渎庙玉皇殿门前
10	侧柏	柏科、侧柏属	二级	450	4	地170	7	*Platycladus orientalis*(L.) Franch	北海济渎庙长生阁门前
11	国槐	豆科、槐属	一级	1200	28	550	20	*Sophora japonica* L.	轵城柿花沟马岭
12	国槐	豆科、槐属	二级	400	12	263	12	*Sophora japonica* L.	轵城黄龙4队德永门前
14	毛白杨	杨柳科、杨属	二级	350	18	410	15	*Populus tomentosa* Carr	轵城翟庄3队水池边
15	侧柏	柏科、侧柏属	二级	350	7	地142	9	*Platycladus orientalis*(L.) Franch	轵城柏树庄雁坟凹孤柏树岭
16	柿树	柿树科、柿树属	三级	100	3	103	6	*Diospyros kaki* L.f.	轵城柏树庄雁坟凹
17	皂荚	豆科、皂荚属	三级	150	14	197	15	*Gleditsia sinensis* Lam.	轵城柏树庄柏树庄组
18	侧柏	柏科、侧柏属	三级	100	8	72	4	*Platycladus orientalis*(L.) Franch	轵城红土沟5组圆柏树岭
19	侧柏	柏科、侧柏属	三级	200	7	122	7	*Platycladus orientalis*(L.) Franch	轵城翟庄1组蛇嘴岭
20	侧柏	柏科、侧柏属	二级	350	12	148	9	*Platycladus orientalis*(L.) Franch	轵城翟庄1组赵永顺老院
21	皂荚	豆科、皂荚属	三级	200	20	210	17	*Gleditsia sinensis* Lam.	轵城翟庄1组赵宗旗老院
23	侧柏	柏科、侧柏属	二级	300	10	131	6	*Platycladus orientalis*(L.) Franch	轵城翟庄汤寨汤法山老院上
24	侧柏	柏科、侧柏属	二级	450	8	150	10	*Platycladus orientalis*(L.) Franch	轵城翟庄汤寨晒柿坡岭
25	国槐	豆科、槐属	三级	200	9	152	10	*Sophora japonica* L.	轵城翟庄汤寨水塔南边
26	侧柏	柏科、侧柏属	二级	350	9	141	7	*Platycladus orientalis*(L.) Franch	轵城翟庄汤寨打麦场边
27	侧柏	柏科、侧柏属	二级	300	10	123	6	*Platycladus orientalis*(L.) Franch	轵城翟庄南翟庄提灌站小横岭
29	皂荚	豆科、皂荚属	三级	100	9	144	12	*Gleditsia sinensis* Lam.	轵城战天洞龙关庙前
30	皂荚	豆科、皂荚属	三级	100	9	124	11	*Gleditsia sinensis* Lam.	轵城战天洞龙关庙前下坡
31	国槐	豆科、槐属	一级	800	9	348	19	*Sophora japonica* L.	轵城槐滩（三叉路口双柿树村）
32	皂荚	豆科、皂荚属	三级	200	18	260	17	*Gleditsia sinensis* Lam.	轵城背坡叶圪台老村三叉路口叶保兴老院东边
34	国槐	豆科、槐属	三级	250	11	162	9	*Sophora japonica* L.	轵城战天洞东张洼李凤庭门前
35	皂荚	豆科、皂荚属	三级	150	14	202	10	*Gleditsia sinensis* Lam.	轵城战天洞狼岔东头
36	皂荚	豆科、皂荚属	三级	150	13	213	13	*Gleditsia sinensis* Lam.	轵城战天洞狼岔村西头小庙前
37	七叶树	七叶树科、七叶树属	一级	1000	18	296	20	*Aesculus chinensis* Bunge	轵城四中大明寺
38	皂荚	豆科、皂荚属	三级	200	19	253	13	*Gleditsia sinensis* Lam.	轵城西留养4组老年活动中心门前

（续）

编号	中文名	科属	保护级别	树龄	树高(m)	胸围(cm)	冠幅(m)	拉丁名	具体生长位置
40	国槐	豆科、槐属	二级	450	16	223	22	*Sophora japonica* L.	轵城西留养任建敏门东
41	国槐	豆科、槐属	一级	600	13	276	13	*Sophora japonica* L.	轵城河岔1组刘庄刘春生门前
42	国槐	豆科、槐属	一级	800	15	318	14	*Sophora japonica* L.	轵城宗庄村闫斜李世旗家门前
43	皂荚	豆科、皂荚属	三级	200	20	258	11	*Gleditsia sinensis* Lam.	轵城西轵城18组卫红森门口
44	国槐	豆科、槐属	一级	600	6	258	9	*Sophora japonica* L.	轵城西轵城幼儿园内
46	皂荚	豆科、皂荚属	三级	100	18	148	12	*Gleditsia sinensis* Lam.	梨林北荣3组北荣村北头
48	侧柏	柏科、侧柏属	一级	700	15	地514	15	*Platycladus orientalis*(L.) Franch	梨林东蒋村西陈家坟内
49	桑树	桑科、桑属	三级	200	12	256	13	*Morus alba* L.	梨林南官庄村中间
50	皂荚	豆科、皂荚属	三级	100	18	190	14	*Gleditsia sinensis* Lam.	梨林水东村王庭凯门口东
51	柘树	桑科、柘属	二级	300	6	80	6	*Cudrania tricuspidata* (Carr) Bur.er Lavall	梨林沁市村4组村东南角
52	国槐	豆科、槐属	三级	280	11	178	12	*Sophora japonica* L.	思礼姬沟上门外 史德乡门前
53	国槐	豆科、槐属	一级	500	17	240	17	*Sophora japonica* L.	思礼姬沟前门外黄绿化门口
54	国槐	豆科、槐属	二级	300	12	175	9	*Sophora japonica* L.	思礼姬沟里沟酒小矿老院房东
55	国槐	豆科、槐属	三级	250	11	130	6	*Sophora japonica* L.	思礼姬沟里沟酒小矿老院房东
56	国槐	豆科、槐属	二级	300	11	143	8	*Sophora japonica* L.	思礼涧北4组王行彦门前
57	国槐	豆科、槐属	二级	300	12	187	7	*Sophora japonica* L.	思礼涧北5组王国庆房后
58	国槐	豆科、槐属	一级	500	13	254	10	*Sophora japonica* L.	思礼涧北6组王虎圈房东
59	栓皮栎	壳斗科、栎属	二级	300	10	233	13	*Quercus variabilis* Bl.	思礼水洪池大池自然村西第一株
60	栓皮栎	壳斗科、栎属	三级	250	14	218	12	*Quercus variabilis* Bl.	思礼水洪池大池自然村西第二株
61	栓皮栎	壳斗科、栎属	二级	350	16	278	17	*Quercus variabilis* Bl.	思礼水洪池大池自然村西第三株
62	槲栎	壳斗科、栎属	三级	250	10	171	9	*Quercus aliena* Bl.	思礼水洪池大池自然村东岭脊分岔处三株树其中最西一株 即西第四株
63	槲栎	壳斗科、栎属	二级	300	10	218	16	*Quercus aliena* Bl.	思礼水洪池大池自然村东岭三株的最东一株 即西第五株
64	槲栎	壳斗科、栎属	三级	250	13	175	11	*Quercus aliena* Bl.	思礼水洪池大池自然村东岭三株的最北一株 即西第六株
65	鹅耳枥	桦木科、鹅耳枥属	三级	250	12	165	6	*Carpinus turczaninowii* Hance	思礼水洪池大池李牛柱房后岭脊
66	山茱萸	山茱萸科、山茱萸属	三级	100	6	地202	8	*Cornus officinalis* Sieb.et Zucc.	思礼水洪池西庄西沟
67	栓皮栎	壳斗科、栎属	一级	500	23	356	14	*Quercus variabilis* Bl.	思礼水洪池狸虎吧岭
69	国槐	豆科、槐属	三级	250	15	149	10	*Sophora japonica* L.	思礼北井沟2组乔长生房东
72	柘树	桑科、柘属	二级	300	8	地150	12	*Cudrania tricuspidata*(Carr) Burer. Larall.	承留孤树西沟刘德正
73	国槐	豆科、槐属	二级	450	14	220	12	*Sophora japonica* L.	承留大沟河一组油房庄韩太玉房东
74	国槐	豆科、槐属	一级	650	12	275	9	*Sophora japonica* L.	承留大沟河三组姚西坡姚永家
75	国槐	豆科、槐属	二级	350	9	220	11	*Sophora japonica* L.	承留大沟河三组姚西坡姚景清门前
76	皂荚	豆科、皂荚属	三级	150	9	172	11	*Gleditsia sinensis* Lam.	承留赵老庄七组石心成门前
78	黄连木	漆树科、黄连木属	二级	450	11	278	9	*Pistacia chinensis* Bunge	承留仓房庄三组背影山
79	国槐	豆科、槐属	三级	250	10	140	9	*Sophora japonica* L.	承留仓房庄三组背影山王趁义院南
80	国槐	豆科、槐属	二级	300	11	地279	12	*Sophora japonica* L.	承留仓房庄四组杜和庄李保同门前
81	紫藤	豆科、紫藤属	三级	200	3	地53	2	*Wisteria sinensis* Sweet.	承留仓房庄四组杜和庄王发中门前
82	皂荚	豆科、皂荚属	三级	200	18	252	12	*Gleditsia sinensis* Lam.	承留周庄四组周银平门前

（续）

编号	中文名	科属	保护级别	树龄	树高(m)	胸围(cm)	冠幅(m)	拉丁名	具体生长位置
83	皂荚	豆科、皂荚属	二级	300	18	254	13	*Gleditsia sinensis* Lam.	承留虎岭瓦渣坪小战院
84	国槐	豆科、槐属	一级	500	9	248	10	*Sophora japonica* L.	承留栲栳四组段建国家东
85	国槐	豆科、槐属	二级	400	7	230	8	*Sophora japonica* L.	承留卫福安十组杨国门北
86	脱皮榆	榆科、榆属	二级	350	7	地280	14	*Ulmus lamellosa* C.Wang et S.L.Chang	承留卫福安瓦罐庙老哇坡
87	侧柏	柏科、侧柏属	二级	350	6	140	5	*Platycladus orientalis*(L.) Franch	承留卫福安19组全树岭下庄
88	皂荚	豆科、皂荚属	二级	300	6	315	4	*Gleditsia sinensis* Lam.	承留玉皇庙2组李保臣房后
89	柘树	桑科、柘属	一级	500	6	138	4	*Cudrania tricuspidata* (Carr) Bur. er Lavall	承留玉皇庙14组玉皇庙前场边
90	七叶树	七叶树科、七叶树属	一级	1000	14	312	17	*Aesculus chinensis* Bunge.	承留虎岭1组加油站西
91	皂荚	豆科、皂荚属	三级	150	15	203	12	*Gleditsia sinensis* Lam.	承留东张2组六郎寨西北沟边赵中升老宅地
92	桂花	木犀科、木犀属	一级	500	10	地155	7	*Osmanthus fragrans* Lour.	承留老乡政府林站后院
93	国槐	豆科、槐属	二级	400	12	220	8	*Sophora japonica* L.	克井古泉6组孙铁寨房西
94	国槐	豆科、槐属	一级	700	24	281	18	*Sophora japonica* L.	克井枣庙9组苗喜平家门口
95	国槐	豆科、槐属	一级	600	11	268	11	*Sophora japonica* L.	克井白涧4组苗起奎老院
96	国槐	豆科、槐属	一级	700	10	270	9	*Sophora japonica* L.	克井白涧谭庄谭三兴家门口西南
97	国槐	豆科、槐属	三级	250	10	158	7	*Sophora japonica* L.	克井白涧谭庄谭三兴家门口东南
98	国槐	豆科、槐属	一级	500	6	228	3	*Sophora japonica* L.	克井白涧谭庄谭文清老院内
99	皂荚	豆科、皂荚属	一级	500	14	544	13	*Gleditsia sinensis* Lam.	克井小庄2组原立奇房东
100	国槐	豆科、槐属	一级	800	14	300	13	*Sophora japonica* L.	克井中范2组崔小雷门前
101	国槐	豆科、槐属	一级	500	18	250	14	*Sophora japonica* L.	克井中范2组孙小月房西
103	国槐	豆科、槐属	二级	300	14	180	15	*Sophora japonica* L.	克井张庄村李庄卫宗全家门口
104	国槐	豆科、槐属	二级	400	15	232	14	*Sophora japonica* L.	克井张庄村李庄卫小保门前
105	国槐	豆科、槐属	三级	200	15	167	14	*Sophora japonica* L.	克井张庄村李庄葛家生门前
106	侧柏	柏科、侧柏属	二级	350	11	143	5	*Platycladus orientalis*(L.) Franch	克井大社盘谷寺前
107	橿子栎	壳斗科、栎属	二级	450	8	184	9	*Quercus baronii* Skan	克井郭庄6组养马沟和小张沟交叉口
109	白皮松	松科、松属	一级	600	20	130	5	*Pinus bungeana* Zucc.	克井郭庄鹿甲尾西坡张家坟上
110	栾树	无患子科、栾属	一级	500	14	208	9	*Koelreuteria paniculata* Laxm	克井郭庄3组鹿甲尾张庭荣院西
111	山楂	蔷薇科、山楂属	三级	100	5	122	6	*Crataegus pinnatifida* Bunge	克井郭庄2组磨棚后范新来房后
112	椋子木	山茱萸科、梾木属	一级	700	13	371	11	*Cornus walteri* Wanger	克井郭庄村张小安房南
113	黄连木	漆树科、黄连木属	一级	500	12	420	12	*Pistacia chinensis* Bunge	克井交地槐树庄张永生院西
114	国槐	豆科、槐属	一级	600	12	272	12	*Sophora japonica* L.	克井交地槐树庄张永生门前
115	国槐	豆科、槐属	一级	600	10	262	11	*Sophora japonica* L.	克井交地槐树庄张永生下地
116	国槐	豆科、槐属	二级	400	10	222	11	*Sophora japonica* L.	克井交地老村张关印院东
119	国槐	豆科、槐属	二级	300	8	200	7	*Sophora japonica* L.	克井交地老村吴跃仁院内
120	国槐	豆科、槐属	二级	400	14	221	11	*Sophora japonica* L.	克井交地老村吴跃华门前
121	侧柏	柏科、侧柏属	三级	200	16	108	4	*Platycladus orientalis*(L.) Franch	五龙口东逯寨老柏爷庙
122	国槐	豆科、槐属	二级	300	14	196	11	*Sophora japonica* L.	五龙口里河村金滩李超房后
123	青檀	榆科、青檀属	一级	500	6	216	6	*Pteroceltis tatarinowii* Maxim.	五龙口里河村金滩谢家生门前路下

（续）

编号	中文名	科属	保护级别	树龄	树高(m)	胸围(cm)	冠幅(m)	拉丁名	具体生长位置
124	皂荚	豆科、皂荚属	三级	150	15	175	14	*Gleditsia sinensis* Lam.	亚桥乡南水屯6组张新胜门前
125	皂荚	豆科、皂荚属	三级	150	15	188	14	*Gleditsia sinensis* Lam.	亚桥北堰头1组张学珍门前
126	皂荚	豆科、皂荚属	二级	300	15	366	15	*Gleditsia sinensis* Lam.	亚桥村1组翟小文房后
127	皂荚	豆科、皂荚属	三级	200	13	234	11	*Gleditsia sinensis* Lam.	坡头白道河李吉福门前
128	黄连木	漆树科、黄连木属	二级	400	12	265	12	*Pistacia chinensis* Bunge	坡头栗树沟1组齐明红家门口
129	国槐	豆科、槐属	二级	400	10	230	9	*Sophora japonica* L.	坡头栗树沟王新科房西
130	皂荚	豆科、皂荚属	三级	100	12	162	14	*Gleditsia sinensis* Lam.	坡头店留村杨沟贾年香老院
131	皂荚	豆科、皂荚属	三级	130	16	212	17	*Gleditsia sinensis* Lam.	坡头店留村杨沟齐明喜老院
132	皂荚	豆科、皂荚属	三级	200	10	213	10	*Gleditsia sinensis* Lam.	坡头郝山翟圪塔翟刚房北路南
133	皂荚	豆科、皂荚属	三级	250	11	273	11	*Gleditsia sinensis* Lam.	坡头郝山翟圪塔翟家海房东
134	侧柏	柏科、侧柏属	二级	300	10	138	10	*Platycladus orientalis*(L.) Franch	坡头郝山村水塔南郝福胜房东
135	皂荚	豆科、皂荚属	三级	250	17	320	15	*Gleditsia sinensis* Lam.	坡头店留南将南部
137	黄连木	漆树科、黄连木属	二级	400	13	216	10	*Pistacia chinensis* Bunge	坡头店留王庄李在祥老院西
144	皂荚	豆科、皂荚属	一级	500	10	地239	8	*Gleditsia sinensis* Lam.	坡头连地灰槽沟薛天行门前
145	侧柏	柏科、侧柏属	一级	500	10	地254	13	*Platycladus orientalis*(L.) Franch	坡头连地灰槽沟薛铭行门前
146	侧柏	柏科、侧柏属	三级	200	10	100	8	*Platycladus orientalis*(L.) Franch	坡头连地灰槽沟薛同任家北
147	侧柏	柏科、侧柏属	一级	500	10	194	10	*Platycladus orientalis*(L.) Franch	坡头连地灰槽沟薛天行门西
148	国槐	豆科、槐属	三级	250	8	158	11	*Sophora japonica* L.	坡头连地灰槽沟薛同任门前路下
149	国槐	豆科、槐属	二级	300	7	162	6	*Sophora japonica* L.	坡头连地灰槽沟薛同广老院西
150	侧柏	柏科、侧柏属	二级	300	14	145	6	*Platycladus orientalis*(L.) Franch	坡头连地灰槽沟薛同军老院门前
152	皂荚	豆科、皂荚属	三级	200	12	241	12	*Gleditsia sinensis* Lam.	坡头2组郑红军门前
153	皂荚	豆科、皂荚属	三级	150	15	216	12	*Gleditsia sinensis* Lam.	坡头1组权德胜门前
154	国槐	豆科、槐属	二级	300	12	169	10	*Sophora japonica* L.	坡头1组张科房后
155	皂荚	豆科、皂荚属	三级	130	11	177	11	*Gleditsia sinensis* Lam.	坡头9组郑发来门西南
156	皂荚	豆科、皂荚属	三级	200	7	285	11	*Gleditsia sinensis* Lam.	坡头11组郑得中房北
157	国槐	豆科、槐属	二级	300	10	171	5	*Sophora japonica* L.	坡头苇园窑院张书礼门前
158	黄连木	漆树科、黄连木属	三级	150	12	144	13	*Pistacia chinensis* Bunge	坡头苇园窑院张书礼房后
159	橿子栎	壳斗科、栎属	一级	700	10	589	18	*Quercus baronii* Skan	坡头校庄王园（橿栎河）周谦礼窑上
160	国槐	豆科、槐属	三级	250	8	143	3	*Sophora japonica* L.	坡头校庄5组陈安石门前
161	皂荚	豆科、皂荚属	三级	250	11	310	15	*Gleditsia sinensis* Lam.	坡头校庄5组张根喜房后路上
162	国槐	豆科、槐属	二级	300	10	175	8	*Sophora japonica* L.	坡头校庄村张大春门前
163	国槐	豆科、槐属	三级	250	6	132	7	*Sophora japonica* L.	坡头校庄村场里路里
164	国槐	豆科、槐属	二级	300	8	172	7	*Sophora japonica* L.	坡头校庄村场边
166	皂荚	豆科、皂荚属	三级	150	13	175	10	*Gleditsia sinensis* Lam.	坡头校庄村西坡
169	侧柏	柏科、侧柏属	二级	300	11	168	9	*Platycladus orientalis*(L.) Franch	坡头校庄村石板沟老洼圈
170	国槐	豆科、槐属	二级	300	9	188	12	*Sophora japonica* L.	坡头校庄村石板沟窑脑
171	国槐	豆科、槐属	三级	250	10	145	11	*Sophora japonica* L.	坡头校庄村石板沟燕志文房南路西
172	侧柏	柏科、侧柏属	二级	300	12	150	7	*Platycladus orientalis*(L.) Franch	坡头校庄石板沟赵中站院西场里
175	国槐	豆科、槐属	二级	300	12	194	8	*Sophora japonica* L.	坡头马场竹园沟南庄石恒义老院门前

（续）

编号	中文名	科属	保护级别	树龄	树高(m)	胸围(cm)	冠幅(m)	拉丁名	具体生长位置
176	国槐	豆科、槐属	二级	300	11	204	14	*Sophora japonica* L.	坡头马场竹园沟石明魁门前
177	皂荚	豆科、皂荚属	三级	150	15	203	14	*Gleditsia sinensis* Lam.	坡头马场竹园沟油坊沟卫定门前外石堰下
179	国槐	豆科、槐属	二级	300	10	195	10	*Sophora japonica* L.	坡头毛岭10组南洼刘永正门前
180	国槐	豆科、槐属	二级	400	10	230	9	*Sophora japonica* L.	坡头毛岭15组 石板沟张天林老院
181	国槐	豆科、槐属	二级	300	10	190	11	*Sophora japonica* L.	坡头毛岭15组 石板沟张天林老院西
185	皂荚	豆科、皂荚属	三级	100	10	160	13	*Gleditsia sinensis* Lam.	坡头清涧9组枣园河许建明门下
186	国槐	豆科、槐属	二级	350	11	222	10	*Sophora japonica* L.	坡头毛岭8组寨湾李杰院内
187	皂荚	豆科、皂荚属	三级	100	9	165	8	*Gleditsia sinensis* Lam.	坡头佛涧村苏庄王继高门前
188	皂荚	豆科、皂荚属	三级	200	7	209	11	*Gleditsia sinensis* Lam.	坡头佛涧村6组 郭庄李春胜老院前
190	国槐	豆科、槐属	三级	220	12	140	12	*Sophora japonica* L.	坡头佛涧村9组程庄程远丰老院
191	皂荚	豆科、皂荚属	三级	100	9	145	8	*Gleditsia sinensis* Lam.	坡头左山5组西左山岔路口
192	皂荚	豆科、皂荚属	三级	100	11	150	10	*Gleditsia sinensis* Lam.	坡头左山5组西左山王六门前
193	皂荚	豆科、皂荚属	三级	100	5	114	5	*Gleditsia sinensis* Lam.	坡头左山5组西左山王朝院内
194	皂荚	豆科、皂荚属	三级	100	9	140	11	*Gleditsia sinensis* Lam.	坡头左山5组西左山吴利院东
195	黄连木	漆树科、黄连木属	三级	150	12	155	9	*Pistacia chinensis* Bunge	坡头左山5组西左山岭上
197	侧柏	柏科、侧柏属	三级	200	7	110	7	*Platycladus orientalis*(L.) Franch	坡头佛涧孤柏树岭东边第一棵
198	国槐	豆科、槐属	一级	800	15	329	14	*Sophora japonica* L.	王屋封门范庄楼底李银明门前
199	皂荚	豆科、皂荚属	二级	300	17	地352	20	*Gleditsia sinensis* Lam.	王屋大店尖山凹张世升院西
200	国槐	豆科、槐属	三级	250	7	155	7	*Sophora japonica* L.	王屋大店尖山凹张世升门前
201	皂荚	豆科、皂荚属	二级	300	15	333	12	*Gleditsia sinensis* Lam.	王屋谭庄石牛陈根门前
202	皂荚	豆科、皂荚属	三级	130	13	220	10	*Gleditsia sinensis* Lam.	王屋谭庄小周庄燕随阳房后
203	国槐	豆科、槐属	一级	600	18	292	14	*Sophora japonica* L.	王屋谭庄黄腰李德田院内
205	国槐	豆科、槐属	一级	700	15	301	15	*Sophora japonica* L.	王屋石匣荒地坪杨景山门前
206	皂荚	豆科、皂荚属	二级	300	14	333	15	*Gleditsia sinensis* Lam.	王屋桶沟学门老庄姚长宝门前下地
207	国槐	豆科、槐属	二级	300	12	205	11	*Sophora japonica* L.	王屋桶沟学门老庄姚长宝门前北头
208	国槐	豆科、槐属	二级	300	11	212	8	*Sophora japonica* L.	王屋桶沟学门后学门姚景兴门前
209	国槐	豆科、槐属	三级	250	7	137	5	*Sophora japonica* L.	王屋清虚村路边
210	红豆杉	红豆杉科、红豆杉属	一级	1300	13	507	17	*Taxus chinensis* (Pilg)Rehd	王屋西坪原山紫柏树庄
211	栓皮栎	壳斗科、栎属	二级	350	20	285	17	*Quercus variabilis* Bl.	王屋西坪小原山下
212	国槐	豆科、槐属	二级	450	15	241	13	*Sophora japonica* L.	王屋西坪小原山下
213	栓皮栎	壳斗科、栎属	二级	350	15	281	15	*Quercus variabilis* Bl.	王屋西坪上门
214	国槐	豆科、槐属	一级	600	14	292	12	*Sophora japonica* L.	王屋林山孙真坟葛家轩门前
215	黄连木	漆树科、黄连木属	二级	400	15	242	14	*Pistacia chinensis* Bunge	王屋林山孙真坟仓房窑葛家红房东
216	黄连木	漆树科、黄连木属	二级	300	15	216	10	*Pistacia chinensis* Bunge	王屋林山孙真坟赵战房西场边
217	黄连木	漆树科、黄连木属	三级	150	12	150	11	*Pistacia chinensis* Bunge	王屋林山孙真坟孙思邈坟前
218	槲栎	壳斗科、栎属	二级	300	15	202	10	*Quercus aliene* Bl.	王屋林山孙真坟孙思邈庙前
219	国槐	豆科、槐属	一级	800	18	322	14	*Sophora japonica* L.	王屋汤洼车辅沟侯保红门前
220	橿子栎	壳斗科、栎属	二级	300	3	地245	3	*Quercus baronii* Skan	王屋铁山河东庄赵宗华院外石堰下

（续）

编号	中文名	科属	保护级别	树龄	树高(m)	胸围(cm)	冠幅(m)	拉丁名	具体生长位置
221	橿子栎	壳斗科、栎属	一级	500	8	216	9	*Quercus baronii* Skan	王屋铁山河东庄赵宗华院东
222	国槐	豆科、槐属	三级	250	10	187	7	*Sophora japonica* L.	王屋和平村李大洼刘道明院前
223	皂荚	豆科、皂荚属	三级	150	12	192	12	*Gleditsia sinensis* Lam.	王屋和平村李大洼刘道明院南院墙中
224	栓皮栎	壳斗科、栎属	三级	250	11	218	8	*Quercus variabilis* Bl.	王屋和平村桃园冷沟口
226	核桃	胡桃科、胡桃属	三级	100	12	239	13	*Juglans regia* L.	王屋和平走马站路边
227	国槐	豆科、槐属	二级	300	10	207	12	*Sophora japonica* L.	王屋麻院上队张书龙老院外
229	侧柏	柏科、侧柏属	三级	200	10	101	8	*Platycladus orientalis*(L.) Franch	王屋竹泉左庄赵大军房后
230	皂荚	豆科、皂荚属	三级	120	15	176	14	*Gleditsia sinensis* Lam.	王屋竹泉后沟周元清门口西
232	龙柏	柏科、刺柏属	一级	1000	14	182	4	*Juniperus chinensis* 'Kaizuka'	王屋和沟老君庵院内
233	国槐	豆科、槐属	二级	300	13	185	9	*Sophora japonica* L.	王屋乔庄刘庄沟王国强门前
234	黄连木	漆树科、黄连木属	一级	600	13	630	16	*Pistacia chinensis* Bunge	王屋上二里王宪庄刘瑞智院南
235	大叶朴	榆科、朴树属	一级	500	11	229	13	*Celtis koraiensis* Nakai.	王屋原庄李长丰门外边
236	侧柏	柏科、侧柏属	一级	500	18	208	13	*Platycladus orientalis*(L.) Franch	王屋寨岭上张沟姚永连房后
237	皂荚	豆科、皂荚属	三级	150	20	228	21	*Gleditsia sinensis* Lam.	王屋寨岭下张沟李体元房北
238	国槐	豆科、槐属	一级	900	12	392	9	*Sophora japonica* L.	王屋新林岭西侯永振门前
239	皂荚	豆科、皂荚属	三级	200	13	290	11	*Gleditsia sinensis* Lam.	王屋桥后赵家门赵国才门外边
240	侧柏	柏科、侧柏属	二级	300	15	155	11	*Platycladus orientalis*(L.) Franch	王屋迎门中小有河张荣礼门前
241	侧柏	柏科、侧柏属	二级	350	13	地303	12	*Platycladus orientalis*(L.) Franch	王屋麻庄大麻庄下沟小土丘（闫寨圪塔）东
242	侧柏	柏科、侧柏属	二级	350	13	396	10	*Platycladus orientalis*(L.) Franch	王屋麻庄大麻庄下沟小土丘（闫寨圪塔）西北
243	侧柏	柏科、侧柏属	二级	300	11	170	10	*Platycladus orientalis*(L.) Franch	王屋麻庄大麻庄闫寨圪塔南头
245	国槐	豆科、槐属	二级	400	15	250	16	*Sophora japonica* L.	王屋迎门紫薇宫卢新德门外边
246	银杏	银杏科、银杏属	一级	1500	30	863	36	*Ginkgo biloba* L.	王屋迎门紫薇宫老母殿门前
248	龙柏	柏科、刺柏属	一级	1200	10	238	7	*Juniperus chinensis* 'Kaizuka'	王屋愚公阳台宫门口最南一株
249	七叶树	七叶树科、七叶树属	一级	1000	12	300	13	*Aesculus chinensis* Bunge	王屋愚公阳台宫院中间
250	龙柏	柏科、刺柏属	一级	1200	15	212	4	*Juniperus chinensis* 'Kaizuka'	王屋愚公阳台宫七叶树东北双株南一株
251	龙柏	柏科、刺柏属	一级	1200	16	270	8	*Juniperus chinensis* 'Kaizuka'	王屋愚公阳台宫七叶树东北双株北一株
252	龙柏	柏科、刺柏属	一级	1200	16	340	9	*Juniperus chinensis* 'Kaizuka'	王屋愚公阳台宫七叶树西北一株
253	龙柏	柏科、刺柏属	一级	1200	17	436	11	*Juniperus chinensis* 'Kaizuka'	王屋愚公阳台宫三棚阁后东北
254	国槐	豆科、槐属	二级	300	16	199	15	*Sophora japonica* L.	王屋西门上队张堂义门外
255	国槐	豆科、槐属	二级	300	15	213	10	*Sophora japonica* L.	王屋西门上队张敬轩老院门外
256	国槐	豆科、槐属	二级	300	11	200	12	*Sophora japonica* L.	王屋庭房下营地常平安门前
257	国槐	豆科、槐属	三级	200	12	155	8	*Sophora japonica* L.	王屋大店沟口常直荣院
259	国槐	豆科、槐属	三级	200	11	170	7	*Sophora japonica* L.	邵原洪村杨树沟王铁礤门外
260	国槐	豆科、槐属	二级	350	18	234	19	*Sophora japonica* L.	邵原洪村王坑王善道门外
261	国槐	豆科、槐属	二级	300	14	215	15	*Sophora japonica* L.	邵原洪村王坑王善敏门外
262	国槐	豆科、槐属	三级	250	12	155	12	*Sophora japonica* L.	邵原洪村潭坡羊圈房外
263	国槐	豆科、槐属	二级	400	14	247	14	*Sophora japonica* L.	邵原洪村马坡孔万全门外

（续）

编号	中文名	科属	保护级别	树龄	树高(m)	胸围(cm)	冠幅(m)	拉丁名	具体生长位置
264	橿子栎	壳斗科、栎属	二级	400	7	152	10	*Quercus baronii* Skan	邵原洪村东坡杨战国老院东北坡
265	橿子栎	壳斗科、栎属	二级	450	8	206	12	*Quercus baronii* Skan	邵原洪村东坡杨战国老院西南3株上一株
266	橿子栎	壳斗科、栎属	一级	500	12	227	16	*Quercus baronii* Skan	邵原洪村东坡杨战国老院西南3株中一株
268	国槐	豆科、槐属	三级	200	7	152	8	*Sophora japonica* L.	邵原院科2组东阳店赵红伟门前南一株
269	国槐	豆科、槐属	三级	250	8	178	10	*Sophora japonica* L.	邵原院科2组东阳店赵红伟门前北一株
270	橿子栎	壳斗科、栎属	一级	1000	13	435	13	*Quercus baronii* Skan	邵原下河西马庄三叉路口
271	国槐	豆科、槐属	一级	1000	18	438	12	*Sophora japonica* L.	邵原刘沟油坊洼王继秀门前
272	黄连木	漆树科、黄连木属	二级	350	13	237	15	*Pistacia chinensis* Bunge	邵原刘沟油坊洼东岭
273	皂荚	豆科、皂荚属	三级	120	12	180	10	*Gleditsia sinensis* Lam.	邵原刘沟油坊洼东岭
274	皂荚	豆科、皂荚属	三级	100	11	118	13	*Gleditsia sinensis* Lam.	邵原长院宋家岭王有礼门外
275	国槐	豆科、槐属	三级	200	7	142	5	*Sophora japonica* L.	邵原长院宋家岭王本才门外
276	橿子栎	壳斗科、栎属	一级	600	10	249	18	*Quercus baronii* Skan	邵原柴家庄中队西洼
277	侧柏	柏科、侧柏属	三级	100	5	地89	5	*Platycladus orientalis*(L.) Franch	邵原柴家庄西队胡疙塔岭
278	侧柏	柏科、侧柏属	二级	300	9	163	13	*Platycladus orientalis*(L.) Franch	邵原碌碡老爷头西亚豁
279	侧柏	柏科、侧柏属	二级	300	11	137	11	*Platycladus orientalis*(L.) Franch	邵原碌碡下洼候永文院
280	国槐	豆科、槐属	一级	600	18	273	16	*Sophora japonica* L.	邵原碌碡小南沟王长亮门外
281	侧柏	柏科、侧柏属	三级	110	10	220	7	*Platycladus orientalis*(L.) Franch	邵原碌碡花地谷坨上场
282	侧柏	柏科、侧柏属	二级	300	8	150	8	*Platycladus orientalis*(L.) Franch	邵原碌碡花地谷坨东岭
283	侧柏	柏科、侧柏属	三级	200	8	128	7	*Platycladus orientalis*(L.) Franch	邵原碌碡花地谷坨前岭西一株
284	侧柏	柏科、侧柏属	三级	100	7	地147	8	*Platycladus orientalis*(L.) Franch	邵原碌碡花地谷坨前岭东一株
285	国槐	豆科、槐属	一级	900	15	355	15	*Sophora japonica* L.	邵原坟洼大岭后王汉川门外
286	橿子栎	壳斗科、栎属	一级	900	11	401	14	*Quercus baronii* Skan	邵原坟洼西坑橿树岭
288	国槐	豆科、槐属	二级	400	8	248	9	*Sophora japonica* L.	邵原南窑后坡赵战生门口
289	侧柏	柏科、侧柏属	三级	100	10	90	5	*Platycladus orientalis*(L.) Franch	邵原唐山马坪柏疙塔东一株
290	侧柏	柏科、侧柏属	三级	250	10	地208	7	*Platycladus orientalis*(L.) Franch	邵原唐山马坪柏疙塔西一株
291	侧柏	柏科、侧柏属	三级	140	12	地141	6	*Platycladus orientalis*(L.) Franch	邵原唐山马坪柏疙塔中一株
292	橿子栎	壳斗科、栎属	一级	500	13	地345	18	*Quercus baronii* Skan	邵原红院井泉处
293	皂荚	豆科、皂荚属	三级	100	16	178	14	*Gleditsia sinensis* Lam.	邵原红院周关军老院下
294	橿子栎	壳斗科、栎属	一级	500	10	208	7	*Quercus baronii* Skan	邵原红院村红院门前边上一株
295	橿子栎	壳斗科、栎属	二级	300	8	110	5	*Quercus baronii* Skan	邵原红院村红院门前边下一株
296	槲栎	壳斗科、栎属	三级	200	10	165	8	*Quercus dentata* Thunb	邵原红院村栎树疙岭
297	国槐	豆科、槐属	一级	600	7	280	6	*Sophora japonica* L.	邵原红院村连坡门
298	橿子栎	壳斗科、栎属	一级	500	10	地320	15	*Quercus baronii* Skan	邵原红院村连坡门外（李荣宣老院）
299	橿子栎	壳斗科、栎属	二级	450	9	181	8	*Quercus baronii* Skan	邵原红院村橿树坡
300	橿子栎	壳斗科、栎属	一级	600	10	263	10	*Quercus baronii* Skan	邵原红院村红院房后上坡
301	橿子栎	壳斗科、栎属	二级	300	9	102	8	*Quercus baronii* Skan	邵原红院村东疙塔
302	橿子栎	壳斗科、栎属	一级	700	10	地600	16	*Quercus baronii* Skan	邵原红院八家嘴东庄东南一株
303	橿子栎	壳斗科、栎属	一级	600	9	220	11	*Quercus baronii* Skan	邵原红院八家嘴东庄颜庆武院内

（续）

编号	中文名	科属	保护级别	树龄	树高(m)	胸围(cm)	冠幅(m)	拉丁名	具体生长位置
304	国槐	豆科、槐属	二级	300	12	232	11	*Sophora japonica* L.	邵原红院村连坡瓦窑
305	黄连木	漆树科、黄连木属	一级	500	16	308	17	*Pistacia chinensis* Bunge	邵原红院山头王本龙房后
306	侧柏	柏科、侧柏属	三级	150	11	地176	11	*Platycladus orientalis*(L.) Franch	邵原王岭王二红院西
307	橿子栎	壳斗科、栎属	一级	550	14	地422	15	*Quercus baronii* Skan	邵原王岭石岩爬后沟
308	橿子栎	壳斗科、栎属	二级	400	9	155	8	*Quercus baronii* Skan	邵原王岭燕沟前圪塔
309	侧柏	柏科、侧柏属	一级	700	10	333	12	*Platycladus orientalis*(L.) Franch	邵原金沟寨圪塔
310	侧柏	柏科、侧柏属	二级	400	12	170	9	*Platycladus orientalis*(L.) Franch	邵原葛山村下葛山上地
311	侧柏	柏科、侧柏属	二级	350	10	155	8	*Platycladus orientalis*(L.) Franch	邵原葛山村下葛山下场
312	皂荚	豆科、皂荚属	三级	200	11	地428	14	*Gleditsia sinensis* Lam.	邵原葛山村西头小队程明新门前
313	国槐	豆科、槐属	二级	300	10	182	12	*Sophora japonica* L.	邵原葛山村西头小队卢战军门前
314	侧柏	柏科、侧柏属	一级	500	9	195	9	*Platycladus orientalis*(L.) Franch	邵原刘寨村翟庄柏树谷足
315	皂荚	豆科、皂荚属	三级	150	15	217	8	*Gleditsia sinensis* Lam.	邵原刘寨村翟庄下门韩升文门外
316	皂荚	豆科、皂荚属	三级	150	10	186	9	*Gleditsia sinensis* Lam.	邵原刘寨村翟庄下门王行哲门外
317	黄连木	漆树科、黄连木属	一级	600	15	359	15	*Pistacia chinensis* Bunge	邵原段洼王军红门前
318	皂荚	豆科、皂荚属	二级	400	20	430	19	*Gleditsia sinensis* Lam.	邵原黄连木铜锣麻地腰
319	国槐	豆科、槐属	一级	900	22	375	26	*Sophora japonica* L.	邵原黄连木铜锣郭万庄李德全门前
321	黄连木	漆树科、黄连木属	三级	180	13	165	13	*Pistacia chinensis* Bunge	邵原黄连木铜锣郭万庄五佛庙
322	橿子栎	壳斗科、栎属	二级	400	10	165	15	*Quercus baronii* Skan	邵原小沟背李随红房北上一株
323	橿子栎	壳斗科、栎属	二级	450	13	地315	17	*Quercus baronii* Skan	邵原小沟背李随红房北下一株
324	扶芳藤	卫矛科、卫矛属	一级	500	5	50	4	*Euonymus fortunei* (Turcz) Hand.-Mazz.	邵原小沟背李随红门前
325	国槐	豆科、槐属	三级	250	16	181	17	*Sophora japonica* L.	邵原小沟背田小战门前
326	国槐	豆科、槐属	三级	250	15	173	10	*Sophora japonica* L.	邵原黄连木胡窝孟合林门前
327	国槐	豆科、槐属	三级	250	10	171	10	*Sophora japonica* L.	邵原黄连木铁炉水磨坪杨胜利门前
328	国槐	豆科、槐属	二级	300	10	218	10	*Sophora japonica* L.	邵原黄连木铁灵山玉皇庙翟立祥房前
329	国槐	豆科、槐属	二级	300	10	213	6	*Sophora japonica* L.	邵原黄连木铁灵山玉皇庙翟良正老院前
330	国槐	豆科、槐属	一级	800	12	370	13	*Sophora japonica* L.	邵原双房村秦保明门前
331	国槐	豆科、槐属	二级	300	13	199	10	*Sophora japonica* L.	邵原双房村王元朝房西
332	皂荚	豆科、皂荚属	三级	250	13	280	11	*Gleditsia sinensis* Lam.	邵原双房王李虎门前
333	侧柏	柏科、侧柏属	二级	400	12	179	9	*Platycladus orientalis*(L.) Franch	邵原花园学校门前
334	皂荚	豆科、皂荚属	三级	150	10	202	12	*Gleditsia sinensis* Lam.	邵原花园卫岭程相军门前
335	皂荚	豆科、皂荚属	三级	200	13	250	10	*Gleditsia sinensis* Lam.	邵原花园卫岭程国军院内
337	国槐	豆科、槐属	一级	600	9	269	9	*Sophora japonica* L.	邵原东阳侯早红院外
339	橿子栎	壳斗科、栎属	一级	700	9	312	15	*Quercus baronii* Skan	邵原橿圪塔枣东6号井下
340	橿子栎	壳斗科、栎属	一级	600	11	450	13	*Quercus baronii* Skan	邵原橿圪塔枣西上枣圪塔
341	国槐	豆科、槐属	一级	700	14	285	13	*Sophora japonica* L.	邵原七沟河前七沟河张明玉门外
342	国槐	豆科、槐属	一级	600	7	266	7	*Sophora japonica* L.	邵原七沟河后七沟河高战元门外
343	毛白杨	杨柳科、杨属	二级	400	15	352	9	*Populus tomentosa* Carr	大峪三岔河大杨树庄黄战营门前
345	国槐	豆科、槐属	二级	400	9	地265	8	*Sophora japonica* L.	大峪方山冯家场边
346	国槐	豆科、槐属	二级	350	11	190	14	*Sophora japonica* L.	大峪方山冯家冯小东门前

（续）

编号	中文名	科属	保护级别	树龄	树高(m)	胸围(cm)	冠幅(m)	拉丁名	具体生长位置
347	皂荚	豆科、皂荚属	三级	150	11	167	12	*Gleditsia sinensis* Lam.	大峪方山冯家窑沟塹
349	毛白杨	杨柳科、杨属	三级	250	12	220	11	*Populus tomentosa* Carr	大峪寺郎腰渣沟李喜文门前西一株
351	皂荚	豆科、皂荚属	二级	300	18	292	19	Gleditsia sinensis Lam.	大峪寺郎腰下沟李清连门下
352	皂荚	豆科、皂荚属	三级	150	13	180	10	*Gleditsia sinensis* Lam.	大峪寺郎腰下沟李清水门前
353	皂荚	豆科、皂荚属	二级	400	15	345	13	*Gleditsia sinensis* Lam.	大峪槐姻楼房庄张合伸门前
354	国槐	豆科、槐属	三级	150	8	133	5	*Sophora japonica* L.	大峪王庄薛温新门外
356	国槐	豆科、槐属	三级	200	11	140	10	*Sophora japonica* L.	大峪王庄刘沟王庆军院东北
357	椋子木	山茱萸科、梾木属	一级	600	17	243	14	*Cornus walteri* Wanger.	大峪仙口尖尖地
358	国槐	豆科、槐属	一级	500	8	226	5	*Sophora japonica* L.	大峪仙口小东沟韩乱合门外
360	国槐	豆科、槐属	一级	600	10	290	10	*Sophora japonica* L.	大峪仙口小东沟周备清门外
361	国槐	豆科、槐属	二级	300	8	162	8	*Sophora japonica* L.	大峪仙口小东沟周备清门外沟边
362	侧柏	柏科、侧柏属	三级	200	8	114	5	*Platycladus orientalis*(L.) Franch	大峪东沟王屋坡场南株
363	侧柏	柏科、侧柏属	二级	300	9	152	10	*Platycladus orientalis*(L.) Franch	大峪东沟王屋坡场东株
364	侧柏	柏科、侧柏属	三级	250	11	134	10	*Platycladus orientalis*(L.) Franch	大峪东沟王屋坡场北株
365	栓皮栎	壳斗科、栎属	三级	250	15	208	16	*Quercus variabilis* Bl.	大峪东岭康沟王建国门前
366	栓皮栎	壳斗科、栎属	一级	500	13	361	24	*Quercus variabilis* Bl.	大峪东岭张天沟刘德平房东
367	皂荚	豆科、皂荚属	三级	200	12	212	16	*Gleditsia sinensis* Lam.	大峪东岭段背成国门外
368	国槐	豆科、槐属	一级	900	18	392	15	*Sophora japonica* L.	大峪朝村小西岭孔相成门外西
370	国槐	豆科、槐属	二级	300	10	141	10	*Sophora japonica* L.	大峪东岭苗王战组刘国喜房西
372	国槐	豆科、槐属	一级	600	9	250	7	*Sophora japonica* L.	大峪东岭苗王战组李任田门前
373	国槐	豆科、槐属	二级	350	9	207	11	*Sophora japonica* L.	大峪东岭苗王战组李任哲房西
374	国槐	豆科、槐属	三级	250	10	170	9	*Sophora japonica* L.	大峪东岭苗王战组西场边
375	脱皮榆	榆科、榆属	二级	400	12	178	12	*Ulmus lamellosa* C.Wang et S.L.Chang	大峪东岭苗王战组周备正房后
376	国槐	豆科、槐属	二级	300	6	地172	6	*Sophora japonica* L.	大峪东岭苗王战组老坟洼王清海房东
378	皂荚	豆科、皂荚属	三级	150	8	178	9	*Gleditsia sinensis* Lam.	大峪王坑列洼卢志道门外
379	皂荚	豆科、皂荚属	三级	200	18	213	11	*Gleditsia sinensis* Lam.	大峪王坑列洼卢广贤门外
380	皂荚	豆科、皂荚属	三级	200	9	239	14	*Gleditsia sinensis* Lam.	大峪偏看和庄胡武秀门前
382	国槐	豆科、槐属	三级	200	8	130	7	*Sophora japonica* L.	大峪鹿岭前岭组冯秀道院东
383	皂荚	豆科、皂荚属	二级	300	12	310	10	*Gleditsia sinensis* Lam.	大峪鹿岭前岭组冯秀道院东
384	黄连木	漆树科、黄连木属	二级	450	12	268	9	*Pistacia chinensis* Bunge	大峪鹿岭前岭组冯秀道门下西株
385	黄连木	漆树科、黄连木属	二级	450	11	262	10	*Pistacia chinensis* Bunge	大峪鹿岭前岭组冯秀道门下东一株
386	侧柏	柏科、侧柏属	三级	250	9	地189	7	*Platycladus orientalis*(L.) Franch	大峪鹿岭前岭组丹腰
387	黄连木	漆树科、黄连木属	一级	700	6	地412	12	*Pistacia chinensis* Bunge	大峪鹿岭前岭组大黄连木地
389	国槐	豆科、槐属	一级	600	9	254	14	*Sophora japonica* L.	大峪鹿岭前岭组常家洼
390	橿子栎	壳斗科、栎属	一级	500	7	218	8	*Quercus baronii* Skan	大峪草沟李家庄小橿树圪塔
391	橿子栎	壳斗科、栎属	二级	300	6	118	11	*Quercus baronii* Skan	大峪草沟李家庄小橿树圪塔下一株
392	橿子栎	壳斗科、栎属	一级	500	7	200	10	*Quercus baronii* Skan	大峪草沟李家庄小橿树圪塔上部北一株
393	橿子栎	壳斗科、栎属	一级	500	7	196	9	*Quercus baronii* Skan	大峪草沟李家庄小橿树圪塔上部南一株
394	黄连木	漆树科、黄连木属	一级	500	15	278	14	*Pistacia chinensis* Bunge	下冶上冶村河东组张武成门前

（续）

编号	中文名	科属	保护级别	树龄	树高(m)	胸围(cm)	冠幅(m)	拉丁名	具体生长位置
396	国槐	豆科、槐属	一级	1000	15	437	22	*Sophora japonica* L.	下冶南桐前庄吴纲中门前下地
397	侧柏	柏科、侧柏属	一级	500	10	218	10	*Platycladus orientalis*(L.) Franch	下冶北桐后沟圆柏树
398	国槐	豆科、槐属	一级	600	10	261	18	*Sophora japonica* L.	下冶王树沟羊圈沟李永昌院东
399	国槐	豆科、槐属	一级	600	13	262	13	*Sophora japonica* L.	下冶王树沟前河赵小周门外
400	皂荚	豆科、皂荚属	三级	200	7	地251	11	*Gleditsia sinensis* Lam.	下冶北吴西洼丁元成房后
401	流苏	木犀科、流苏树属	一级	800	7	167	3	*Chionanthus retusus* Lindl. et Paxt	下冶中吴乔沟牛惊岭
402	皂荚	豆科、皂荚属	二级	300	12	267	15	*Gleditsia sinensis* Lam.	下冶马岭连庄侯春才门前
403	皂荚	豆科、皂荚属	三级	250	15	243	15	*Gleditsia sinensis* Lam.	下冶南吴李中印门前
404	侧柏	柏科、侧柏属	三级	250	9	123	10	*Platycladus orientalis*(L.) Franch	下冶楼沟田腰渡槽西
405	橿子栎	壳斗科、栎属	一级	1300	10	地770	19	*Quercus baronii* Skan	下冶楼沟田腰田世泉院脑边
406	侧柏	柏科、侧柏属	三级	200	8	地133	7	*Platycladus orientalis*(L.) Franch	下冶楼沟田腰东圪塔
407	侧柏	柏科、侧柏属	二级	350	8	地218	8	*Platycladus orientalis*(L.) Franch	下冶楼沟田腰东圪塔
408	橿子栎	壳斗科、栎属	二级	400	9	146	10	*Quercus baronii* Skan	下冶楼沟田腰东圪塔
409	橿子栎	壳斗科、栎属	一级	500	8	地240	8	*Quercus baronii* Skan	下冶楼沟田腰东庄
410	皂荚	豆科、皂荚属	三级	150	12	166	12	*Gleditsia sinensis* Lam.	下冶上河西坡怀曹武军门外
411	国槐	豆科、槐属	一级	650	11	297	13	*Sophora japonica* L.	下冶上河西坡怀王红运门前
412	国槐	豆科、槐属	三级	200	9	156	4	*Sophora japonica* L.	下冶石槽岭后吴建东门外
413	国槐	豆科、槐属	三级	250	11	190	8	*Sophora japonica* L.	下冶石槽岭后吴长运门口
414	国槐	豆科、槐属	一级	700	10	291	17	*Sophora japonica* L.	下冶陶山前山薛兴国老家
415	侧柏	柏科、侧柏属	三级	200	15	95	7	*Platycladus orientalis*(L.) Franch	下冶原头闹角四亩地头
416	皂荚	豆科、皂荚属	三级	250	7	241	9	*Gleditsia sinensis* Lam.	下冶上石板王家门武广全门前
417	国槐	豆科、槐属	一级	700	4	275	6	*Sophora japonica* L.	下冶上石板王家门武广升门前
418	皂荚	豆科、皂荚属	二级	300	14	267	9	*Gleditsia sinensis* Lam.	下冶韩旺后河邓永乐门前
419	橿子栎	壳斗科、栎属	一级	500	11	地630	22	*Quercus baronii* Skan	邵原南山东庄橿树谷足
420	橿子栎	壳斗科、栎属	一级	700	8	205	9	*Quercus baronii* Skan	邵原橿圪塔前河张永红窑上
422	侧柏	柏科、侧柏属	二级	400	10	186	8	*Platycladus orientalis*(L.) Franch	承留卫福安张山周积德老院
423	国槐	豆科、槐属	二级	400	10	230	6	*Sophora japonica* L.	克井中范2组村西
424	皂荚	豆科、皂荚属	三级	180	9	210	8	*Gleditsia sinensis* Lam.	坡头佛涧9组程运法门前
425	皂荚	豆科、皂荚属	二级	300	14	330	12	*Gleditsia sinensis* Lam.	坡头校庄石板沟上岭杨敬军门前
426	白皮松	松科、松属	三级	200	16	75	7	*Pinus bungeana* Zucc.	王屋山景区
427	白榆	榆科、榆属	三级	200	15	310	10	*Ulmus pumila* L.	王屋新林岭西
428	侧柏	柏科、侧柏属	三级	250	10	122	7	*Platycladus orientalis*(L.) Franch	王屋清虚牛圈岭吉孟武家西南
429	橿子栎	壳斗科、栎属	二级	400	7	350	6	*Quercus baronii* Skan	邵原南窑高沟养鸡场路东南路下
430	黄连木	漆树科、黄连木属	二级	300	13	165	9	*Pistacia chinensis* Bunge	邵原南窑高沟养鸡场路上
431	橿子栎	壳斗科、栎属	三级	200	8	275	7	*Quercus baronii* Skan	邵原山院南圪塔
432	皂荚	豆科、皂荚属	三级	150	12	190	20	*Gleditsia sinensis* Lam.	邵原橿圪塔前河张永红老院前
433	侧柏	柏科、侧柏属	二级	300	8	140	11	*Platycladus orientalis*(L.) Franch	下冶逢石龙王庙桥南路东
434	橿子栎	壳斗科、栎属	一级	1200	12	310	18	*Quercus baronii* Skan	下冶楼沟张家庄上庄张群老院西南两株北一株

（续）

编号	中文名	科属	保护级别	树龄	树高(m)	胸围(cm)	冠幅(m)	拉丁名	具体生长位置
435	橿子栎	壳斗科、栎属	一级	1200	11	250	23	*Quercus baronii* Skan	下冶楼沟张家庄上庄张群老院西南两株南一株
436	黄连木	漆树科、黄连木属	三级	200	12	178	9	*Pistacia chinensis* Bunge	王屋清虚牛圈岭吉平均房后
437	侧柏	柏科、侧柏属	三级	250	9	145	7	*Platycladus orientalis*(L.) Franch	王屋清虚牛圈岭吉六门前
438	黄连木	漆树科、黄连木属	二级	300	10	地605	11	*Pistacia chinensis* Bunge	王屋清虚牛圈岭吉六家西
439	黄连木	漆树科、黄连木属	三级	150	13	152	8	*Pistacia chinensis* Bunge	王屋清虚闹沟
440	皂荚	豆科、皂荚属	二级	350	14	197	7	*Gleditsia sinensis* Lam.	王屋清虚闹沟
441	栓皮栎	壳斗科、栎属	三级	150	7	146	6.5	*Quercus variabilis* Bl.	邵原黄背角前坡西边山头
442	橿子栎	壳斗科、栎属	二级	300	7	地295	9	*Quercus baronii* Skan	邵原黄背角前坡场边
443	橿子栎	壳斗科、栎属	三级	200	8	160	6	*Quercus baronii* Skan	邵原黄背角前坡侯阳臣门下崖边
444	国槐	豆科、槐属	二级	450	14	320	12	*Sophora japonica* L.	克井北樊苗卫锋老院
445	木瓜	蔷薇科、木瓜属	三级	150	5	70	4	*Chaenomeles sinensis* Koehne	承留南石村中间
446	黄连木	漆树科、黄连木属	二级	400	14	260	10	*Pistacia chinensis* Bunge	王屋林山孙真坟葛东营房东
447	流苏	木犀科、流苏树属	三级	200	11	150	7	*Chionanthus retusus* Lindl. et Paxt	王屋林山村部北凉亭处
448	橿子栎	壳斗科、栎属	二级	300	8	195	11	*Quercus baronii* Skan	邵原王岭石圪节
449	皂荚	豆科、皂荚属	二级	400	15	320	10	*Gleditsia sinensis* Lam.	大峪三岔河北沟路边

济源市古树名木现状与保护建议

据我国有关部门规定，树龄在百年以上的大树即为古树；而那些树种稀有、名贵或具有历史价值、纪念意义的树木则可称为名木。保护一株古树名木，就是保存一部自然与社会发展史书，就是保存一件珍贵古老的历史文物。

济源市历史悠久，文化古老，既是“少康中兴”的古都，诸侯建国的名邑，又是济水发源、道教的圣地。古往今来，许许多多的神话传说和历史典故发生在此，有“愚公移山”、“后羿射日”，有玉阳公主在沁水河畔修建沁园；有“药王”孙思邈晚年在王屋山悬壶济世并终老于此；还有唐代大诗人李商隐、“茶仙”卢仝，在此留下的瑰丽诗篇和《七碗茶歌》。事过境迁，物是人非，见证这些传说故事和历史典故的人和物都已逝去，而能考据的，就只有那些凭着顽强毅力和生命力，生活了近千年的古树名木了。

古树名木是祖先留给我们和子孙后代的宝贵财富，是研究社会与自然等诸多学科领域的活标本、活文物，也是不可多得的旅游资源。但是，长期以来，由于诸多原因，我济源市古树名木遭受破坏现象严重，数量减少明显，为摸清济源市古树名木资源数量、种类、分布状况以及管护中的经验和存在问题，从2010年4月开始，市绿化委员会、市林业局抽调技术人员，在全市范围内展开了一次古树名木普查建档工作，目前，普查工作已经结束，所有古树名木都已制作了档案卡片，并建档成册，为济源市古树名木的保护打下了基础。

古树名木资源状况

根据此次古树名木普查情况，目前，济源市共有古树名木390株，隶属19科28属32种，其中，古树388株，古树群2个。

古树中，按照我国古树分级标准，国家一级古树107株，占我市古树总数的27.4%；国家二级古树138株，占我市古树总数的35.4%；国家三级古树145株，占我市古树总数的37.2%。

从位置分布来看，我市古树主要集中在邵原、王屋、坡头、大峪四个镇，共计247株，占我市古树总数的63.3%；其中邵原古树最多，有87株，占我市古树总数的22.3%。

从树种类型上来看，我市古树名木中国槐、皂荚、侧柏、橿子栎、黄连木5种树种较多，共计334株，占我市古树名木数量的85.6%；其中国槐数量最多，有133株，占我市古树名木总数的34.1%。

根据年龄特征来看，古树名木在100~299年区段的古树145株，占全市古树总数的37.2%；300~499年区段的古树138株，占全市古树总数的35.4%；500~999年区段的古树88株，占全市古树总数的22.6%；1000年以上的古树21株，占全市古树总数的5.4%，其中：王屋千年以上古树最多，有9株，而树龄最长的古树要数济渎庙内玉皇殿门前和渊德门背后的两株柏树了，两棵树树龄都在2200年以上。

古树名木保护管理现状

随着经济的快速发展和社会文明程度的提高，古树名木的价值逐渐被认识，保护与管理古树名木工作得到了广大市民的关注和支持。

1. 部分古树保护措施完善

2001年，按照河南省绿化委员会、河南省林业厅《关于开展全省古树名木普查建档工作的通知》（豫绿字〔2001〕7号）要求，市绿化委和市林业局曾组织人员进行过一次普查，根据普查情况对所有古树进行了挂牌，并对濒危和珍贵古树设置了保护设施，如王屋西坪原山紫柏树庄1300年的红豆杉，通过采取堵洞、支撑、复壮等措施，目前生长状况依旧良好；槐仙大楼门前300年的国槐，修葺了围栏；济渎庙内的千年柏树，不仅安装了围栏、支杆，而且设置了避雷针。

2. 制定了古树名木管理办法

根据省绿委和省林业厅《关于加强保护古树名木工作的通知》和《实施方案》，2006年，济源市出台了《济源市城市古树名木管理办法》（济政办〔2006〕42号），严令“任何单位和个人不得以任何理由、任何方式砍伐和擅自移植古树名木”，并加大了查处力度，有效保护了济源市的古树名木。

3. 市民保护古树名木意识增强

近年来，市民保护古树先进事迹不断涌现。如克井镇中樊村一名老人，为了给门前一株近500年的槐树提供良好的生长环境，自己动手，清理了槐树旁边的砖瓦、垃圾，发现树身有虫洞，及时主动联系市绿化委，将情况告知；大峪镇一名村民，发现本村有买卖古树事件，及时通知市绿委，保护了一株500年的栓皮栎；此外，还有许多市民自己出资，对自己门前屋后的古树进行修葺，保证了古树的良好生长。

古树名木保护存在的问题

尽管我市古树名木保护工作取得了一定的成绩，但仍存在不少问题。首先，宣传不到位，市民重视程度不够。在某些地方，一些市民还未养成爱惜古树名木的习惯，在大树上乱刻乱画、拴绳挂物、剥皮取材、乱搭建筑物或堆放物品的现象依然存在，还有因修路被毁的，如承留仓房庄300年的国槐，而且，大部分古树名木的保护牌，都已被人为破坏。其次，保护设施设置不到位。近年来，我市古树名木出现57株死亡，自然死亡是一个重要原因，但还有一部分是因为保护设施不到位而引起的，如克井交地400年的槐树，邵原杏树洼300年的侧柏等，都是由于虫蛀、雷击等自然因素，致使其毁灭。再次，管理责任未落实、保护资金不足等原因都是制约古树名木保护工作的重要因素。

古树名木保护措施及建议

古树名木保护是全国绿化模范城市和国家森林城市的一项重要指标，同时，对济源市生态建设，维护生态安全有着重要的意义。

1. 健全保护组织，完善管理机构

建议成立市、区古树名木保护委员会，由市绿委、建委、园林、文物、环保、旅游等部门和专家教授组成委员会，下设办公室专门负责古树名木保护工作。

2. 加大宣传力度，提高保护意识

古树名木保护是一项社会性很强的工作，只有把增强全民的保护意识建立在广泛的群众基础之上，才能使古树名木得到真正有效的保护。因此，建议相关部门加强宣传教育，创新宣传手段，一要出版古树名木科普宣传书籍（《济源市古树名木名录》）、画册、邮票等；二要加大广播、电视宣传力度，开辟专题栏目，拍摄《济源古树名木》专题电视片，举办古树名木图片展等；三是在闹市区和旅游景区的古树名木旁设置警示牌；四要建立我市古树名木专题网站，对古树名木实行动态管理，真正让保护古树行动家喻户晓，深入人心。

3. 加大资金投入，确保资金使用

把古树名木保护资金纳入政府财政预算，每年核定一定款项用于古树名木保护的宣传、专家会诊、保护设施设置、古树名木保护先进单位、个人奖励等。

4. 开展古树名木认养活动

在市区及有条件的地区开展古树名木认养活动，按照“谁出资、谁冠名”的方式，吸引各单位及个人，参与到古树名木认养活动中来，关注我市古树名木保护工作。

5. 加大对后备古树的管护

对我市50~100年的古树和珍稀树种设置保护设施，作为古树名木后备树种进行管护。

6. 保护工作列入城市规划

建议将我市古树名木保护列入城市规划（保护范围）。在全年绿化工作计划和全年绿化工作会中，将古树名木保护工作作为一项必不可少的重点工作列入责任状中。对在古树名木保护工作中成绩显著的先进集体、先进个人予以表彰奖励。对古树名木保护工作较差的，造成严重后果的予以通报批评，直至追究责任。

撰稿：李伟波、孔俊杰

济源市城市古树名木保护管理办法

第一条　为了加强古树名木的保护管理，根据国务院《城市绿化条例》和建设部《城市古树名木保护管理办法》等法律、法规的规定，结合本市实际，制定本办法。

第二条　本办法适用于我市城市规划区和风景名胜区的古树名木保护管理。

第三条　本办法所称古树，是指树龄在100年以上的树木。本办法所称的名木，是指国内外稀有的、以及具有历史价值和纪念意义及重要科研价值的树木。

第四条　古树名木分为一级和二级。

凡树龄在300年以上，或者特别珍贵稀有，具有重要历史价值和纪念意义、重要科研价值的古树名木，为一级古树名木；树龄在100年以上300年以下的为二级古树名木。

第五条　市建设行政主管部门负责我市城市古树名木保护和管理工作。

市建设行政主管部门应对城市规划区和风景名胜区的古树名木进行调查、登记、鉴定和建档，设立古树名木标志。按实际情况分株制定养护管理方案，落实养护责任单位、责任人，并进行检查指导。

一级古树名木由市建设行政主管部门报省人民政府确认，报国务院建设行政主管部门备案；二级古树名木由市人民政府确认，报省建设行政主管部门备案。

第六条　本市古树名木，按以下分工负责养护管理。

（一）生长在城市园林绿化专业养护管理部门管理的绿地、公园内的古树名木，由城市园林绿化专业养护管理部门保护管理。

（二）生长在铁路、公路、河道用地范围内的古树名木，由铁路、公路、河道管理部门保护管理。

（三）生长在风景名胜区内的古树名木，由风景名胜区管理部门保护管理。

（四）散生在各单位管界内及个人庭院中的古树名木，由所在单位和个人保护管理。

集体和个人所有的古树名木，未经市建设行政主管部门审核并报市人民政府批准，不得买卖、转让。捐献给国家的，应给予适当奖励。

第七条　古树名木的养护管理者，必须按照市建设行政主管部门制定的古树名木养护管理技术规范，精心养护管理，确保树木的正常生长。

变更古树名木养护管理单位或者个人，应当到市建设行政主管部门办理养护责任转移手序。

第八条　禁止下列损害古树名木的行为：

（一）擅自移植、砍伐、转让、买卖。

（二）在树上刻画、张贴或者悬挂物品、缠绕绳索；攀树折枝、挖根摘采果实种子或者剥损树枝、树干、树皮。

（三）距树冠垂直投影5米范围内挖坑取土、堆物、施工作业、搭建建筑物、倾倒有害污水、污物垃圾，动用明火或者排放烟气。

（四）其他损害古树名木生长的行为。

第九条 古树名木的养护责任单位或者责任人，发现树木受害或生长势有衰弱现象，应及时报告市建设行政主管部门，由市建设行政主管部门组织进行治理复壮；对已死亡的古树名木应当经市建设行政主管部门确认，查明原因，明确责任并予以注销登记后方可进行处理，处理结果应及时报省建设行政主管部门。

第十条 古树名木的养护管理和复壮费用，由古树名木管护的责任单位负责。抢救、复壮古树名木的费用，市建设行政主管部门可适当给予补贴。市人民政府应当每年从城市维护管理经费、城市园林绿化专项资金中划出一定比例的资金用于城市古树名木的保护管理。

第十一条 市建设行政主管部门应当定期对古树名木的生长和保护管理情况进行检查，积极组织开展对古树名木的科学研究，普及保护知识，提高保护和管理水平。

第十二条 任何单位和个人不得以任何理由、任何方式砍伐和擅自移植古树名木。因特殊需要，确需移植二级古树名木的，应当经市建设行政主管部门审查同意后，报省建设行政主管部门批准；移植一级古树名木的，应经省建设行政主管部门审核，报省人民政府批准，移植所需费用由移植单位承担。新建、改建、扩建工程影响古树名木生长的，建设单位必须提出避让和保护措施，并征得市建设行政主管部门同意后方可施工。

第十三条 任何单位和个人对损伤、破坏古树名木的行为均有权制止或向市建设行政主管部门举报。

第十四条 对养护管理古树名木有突出贡献的单位和个人，由市建设行政主管部门给予表彰和奖励。

第十五条 古树名木的养护单位或个人未按规定的方案进行管理养护，影响古树名木正常生长的，或者古树名木长势衰弱，未采取补救措施又不及时报告的，由市建设行政主管部门按照《城市绿化条例》第二十七条有关规定予以处理。

第十六条 擅自砍伐古树名木，破坏古树名木及其标志和保护设施的，由市建设行政主管部门按照《城市绿化条例》第二十七条有关规定，视情节轻重予以处理。构成犯罪的，由司法机关依法追究刑事责任。

第十七条 当事人对行政处罚决定不服的，可依法申请行政复议或向人民法院提起行政诉讼。

第十八条 市建设行政主管部门因保护整治措施不力，或者工作人员玩忽职守，致使古树名木损伤或者死亡的，由上级主管部门对该部门领导给予处分；情节严重、构成犯罪的，由司法机关依法追究刑事责任。

第十九条 本办法具体应用中的问题，由市建设行政主管部门负责解释。

第二十条 本办法自发布之日起实行。

二〇〇六年四月二十五日